STEAM 教育创意编程系列

Scratch 3.0

少儿编程·逻辑思维培养

中高年级

于忠秋 / 编著

人民邮电出版社

北 京

图书在版编目（ＣＩＰ）数据

Scratch3.0少儿编程. 逻辑思维培养 ／ 于忠秋编著
. -- 北京 ：人民邮电出版社，2020.4
（STEAM教育创意编程系列）
ISBN 978-7-115-53112-4

Ⅰ．①S… Ⅱ．①于… Ⅲ．①程序设计－少儿读物
Ⅳ．①TP311.1-49

中国版本图书馆CIP数据核字(2020)第002423号

内 容 提 要

本书共分为4个部分。第一部分也即第1章，主要讲编程环境的搭建。第二部分包含2章，主要讲解2个简单小实例的制作方法，帮助对Scratch功能不太熟悉的小朋友迅速掌握软件基本操作。第三部分包含3章，主要介绍音乐、画布、画笔等功能。第四部分讲解了一个《太空夺宝》游戏的完整制作过程，共5幕，每一幕为一章。本书第四部分的全部角色代码作为附录放在最后，供小朋友们查阅。

本书适合有一定编程基础的小朋友或初次接触编程的高年级小朋友学习，也适合作为少儿编程培训机构的教材。

◆ 编　　著　于忠秋
责任编辑　税梦玲
责任印制　王　郁　焦志炜

◆ 人民邮电出版社出版发行　　北京市丰台区成寿寺路 11 号
邮编　100164　电子邮件　315@ptpress.com.cn
网址　http://www.ptpress.com.cn
北京博海升彩色印刷有限公司印刷

◆ 开本：787×1092　1/20
印张：8.6　　　　　　2020 年 4 月第 1 版
字数：160 千字　　　2020 年 4 月北京第 1 次印刷

定价：49.80 元

读者服务热线：(010)81055256　印装质量热线：(010)81055316
反盗版热线：(010)81055315
广告经营许可证：京东工商广登字 20170147 号

亲爱的家长：

欢迎您和孩子来到 Scratch 神奇世界。也许您和孩子一样也是初次接触编程，对编程还不是很了解，那么就让我来为您介绍一下编程在未来世界的重要性和为什么要选这套书给您的孩子学习编程吧！

信息社会的发展离不开计算机和互联网。计算思维和互联网思维是未来人才必备的两种思维模式。要培养计算思维、学习计算机语言，最重要的方法之一就是学习编程。世界上许多国家（包括我国）已经逐渐将编程课程引入中小学课堂，将编程教育纳入课程体系。为什么各国都如此重视少儿编程能力的培养呢？

首先，少儿时期是最重要的启蒙期。在这个时期，孩子的身体和智力飞速发展，接受能力和学习能力最强。

其次，计算机语言和英语一样，是通向未来和世界的语言。要紧跟信息社会的发展，我们必须知道如何与计算机交流。

最后，也是最重要的一点，学习编程，可以提升孩子的逻辑思维能力、程序设计能力、问题分析与解决能力以及创新创造能力。

有些家长，尤其是从事信息技术工作的家长已经意识到编程对孩子重要性，开始刻意训练孩子的编程思维。但有些家长认为，孩子以后又不一定要当程序员，不需要学习编程。其实，少儿学习编程不仅仅是学习一门新技能，更主要的是培养和训练一种思维模式。学会编程不是目的，提升孩子的综合素质才是最重要的。

基于这样的出发点，我们策划了"STEAM 教育创意编程系列"丛书。这套书与市面上同类书的区别在于——我们不以教会孩子使用编程软件或学会一种编程语言为主要目的，而是以培养孩子独立思考能力，训练孩子分析问题、解决问题的能力为最终目的。本系列书一共包含4 本，分别为《Scratch 3.0 少儿积木式编程（6~10 岁）》《Scratch 3.0 少儿编程·创客意识启蒙》《Scratch 3.0 少儿编程·逻辑思维培养》《Scratch 3.0 少儿编程·创新实践训练》。

这 4 本书的主要内容和适合群体分别如下。

《Scratch 3.0 少儿积木式编程（6~10 岁）》适合初次接触编程的孩子，是 Scratch 的启蒙书。学习者的最佳年龄段为 6~10 岁，尤其是学龄前孩子。本书侧重基础，注重编程概念的引入和对 Scratch 操作的介绍。学完本书后，孩子可以基本理解编程、项目、代码等概念，并具备一定的编程学习能力，可以完成简单小动画的制作。

《Scratch 3.0 少儿编程·创客意识启蒙》适合初次接触编程的孩子，学习者的最佳年龄段为 8~12 岁。本书也是 Scratch 的基础入门书，与第一本的区别是，它更适合已经上学的孩子学习。本书引入"动手—观察—掌握"的学习模式，规避了对概念、模块的大段介绍，让孩子通过"动手执行—观察现象—掌握特性"的学习顺序，观察直观的现象，理解编程方法，并初步具备用变化来创新的意识。

《Scratch 3.0 少儿编程·逻辑思维培养》适合有一定编程基础的孩子，尤其是已经学完以上两本书的孩子。本书以实例为载体，融入"设计—需求—开发—测试—验收"的开发思想，对"理解问题—找出路径"的编程思维不断强化。孩子在学完本书后，除了掌握编程技术，还可以收获目标导向、要事优先和模块化拆解问题的思维和能力。

《Scratch 3.0 少儿编程·创新实践训练》适合已经能够灵活运用 Scratch 编程的孩子。本书不再以 Scratch 的特性为介绍重点，而是将其作为一种工具，帮助孩子实现创意。本书着重介绍了故事板、思维导图、连线法等几个用于整理思路的思维工具，并将其用于分解编程任务、实现编程任务。学习完本书后，孩子将不再受限于 Scratch 软件本身，而是以编程为工具，自由地徜徉在创意的海洋中。

本系列书之所以选择 Scratch 3.0 软件作为编程工具，是因为 Scratch 是麻省理工学院专门针对少儿开发的一款简易编程工具。它的优点是操作简单、易学、直观、有趣，特别符合少儿年龄段的学习方式和兴趣特点，用简单的拖曳方式即可编程，自学起来十分简单，既锻炼了孩子的学习能力也解放了家长。Scratch 有强大的角色库和背景库，颜色、背景、形象丰富生动，做出的案例都是孩子喜欢的动画、游戏，很容易调动起孩子的学习兴趣。尤其是它的积木式编程法，省略了很多高级编程语言编程时需要注意的细枝末节，把编程思想用简单形象的方法深入到孩子心中，因此非常适合作为少儿学习编程的启蒙工具。

基于少儿的学习特点和 Scratch 的软件特性，本系列书在内容和形式上也做了一些独特的设计。

1. 更注重思维的引导，培养孩子的综合能力。本系列书更注重对孩子综合能力的培养，注重举一反三和思维引导，尤其注重教孩子一些学习方法和思维工具。这些方法和工具不仅适用于孩子学习 Scratch 编程，也适用于学习其他语言，甚至学习其他科目。孩子在学习完编程语言后能够融会贯通，利用编程的思维解决其他问题，这才是学习编程思维的真正意义。

> 让我们来整理一下这个动画的制作思路：
> 1. 添加一只小鸟； 2. 让小鸟飞行；
> 3. 让小鸟在舞台上来回飞行，并且正确翻转； 4. 让小鸟在飞行中变换造型。

2. 注重步骤拆分，增强图片解释。孩子所在的年龄段是对直观的图形图像有更强记忆力和理解力的年龄段，Scratch 本身的代码也被设计得很容易理解。因此，本书将编程程序详细地拆分，让孩子跟着图片步骤一步步拖动对应的积木完成案例。即使年龄很小，阅读能力不够的孩子也完全能够看懂和学会。

Step1 将运算类代码【在 1 和 10 之间取随机数】拖入编程区。

Step2 单击执行该语句。

3. 配套视频教学，跟着视频学得快。为了让孩子更快、更直观地掌握技巧，本系列书都配套了丰富的视频课程，孩子可以先用手机扫描二维码查看演示视频，观看老师的操作，然后进行模仿学习，最后根据书中的提示，按照自己的想法来设计场景。书中案例的源文件，可以到人邮教育社区（www.ryjiaoyu.com）下载（可能需要家长的帮助）。

最后，感谢您和孩子选择本系列书，希望每个孩子都能够充分利用这套书，建立编程思维，享受编程带来的趣味和成就，让编程为你解决问题，努力成为未来世界的创造者！

编 者

2019 年 11 月

目 录

本章介绍了 Scratch 软件的编程入口，及其基本功能、扩展功能。

本章制作了一群来回游动的小鱼，从选取角色、添加运动积木、改变造型、复制角色、添加背景和声音等最简单实用的功能开始介绍动画的基本制作过程。

1

目 录

本章制作了一个在雪中踢球的小男孩，介绍了按键触发、角色旋转、跟随鼠标、侦测、画布工具、随机出现等功能。

本章主要介绍乐曲的编写方法，讲解如何用程序演奏五线谱，并提供了几段音乐的示例。本章最后一节还介绍了函数的封装方法，以增强小朋友们在编写乐曲过程中的体验。

本章讲解如何使用画布上的各种绘图工具进行绘图，并且介绍了几种创作手绘动画的思路：逐笔添加绘制动画、利用填充颜色绘制动画、利用旋转效果绘制动画。有一定 Scratch 编程基础的小朋友们可以尝试创作自己的动画角色。

本章介绍利用画笔进行创意图案的设计，并且给出一些利用三角函数进行编程的示例图案。本章适合已经学习过三角函数的小朋友们学习。

第 1 幕：火箭被推出到预定机位，"准备！发射！"火箭由待命状态进入发射状态并向上飞出边界，背景由城市夜空转为太空。

第 2 幕：火箭在太空遨游，渐行渐远，最终消失在茫茫的星际宇宙中。

第 3 幕：从这一幕开始，我们要制作太空夺宝游戏。这一幕需要显示游戏说明界面，告诉玩家如何开始游戏，如何控制自己的火箭，如何得分，怎么样算作赢。

第 4 幕：游戏进行中，火箭遇到宝石雨，接到宝石就算得分，偶尔还会有怪物混在宝石中出现，如果火箭碰到怪物，玩家得分立减 10 分。

目 录

玩家2 胜出！

| 玩家1 | 1 | 计时器 | 0 | 玩家2 | 13 |

第 5 幕：判断何时游戏结束。在结束时，系统首先公布赢家，并通过语音提示获胜一方，然后停止全部脚本。同时我们还要为这些角色加上音效，让它更有游戏的氛围。

1

第一部分
前情提要

这一部分，我们将简要介绍Scratch 3.0的编程环境。已经学习过本系列前两本书的小朋友可以跳过这部分，直接进入第二部分的学习。首次接触Scratch的小朋友请认真阅读这部分内容。

如果小朋友已经知道怎样可以打开Scratch在线编辑器和怎样下载、安装与打开Scratch离线编辑器，那么也可以直接进入第二部分的学习。

第 1 章

环境搭建

本章主要介绍在线和离线两种编程环境及它们的搭建方法，然后总体介绍 Scratch 3.0 的扩展功能，包括音乐、画笔、视频侦测、文字朗读、翻译、Makey Makey、Micro:bit 和乐高机器人等。这些扩展功能可以帮助小朋友们实现更多的编程创意，让编程更有意思。

在线编程的入口

Scratch 的在线编程功能只能基于浏览器运行，所以小朋友们首先需要在计算机中下载和安装浏览器，并且需要随时联网进行编程。

在计算机已经联网的情况下，在浏览器搜索栏中输入 Scratch 并搜索，找到 Scratch 官方网站，单击即可进入 Scratch 在线编程页面（可能会比较慢，小朋友们需耐心等待一会）。打开页面后，单击页面上的【创建】按钮，就可以打开在线编辑器进行编程了。

如果网络连接不好，可能会导致舞台区域不能实时刷新，比如出现新打开的工程文件显示的是上一个工程文件的舞台，这时只要连接好网络，然后重新打开工程文件即可。

在线编辑器的最大特点，就是用户可以把自己创建的项目上传到官网，与其他人分享，也可以在网上社区免费下载项目，还可以查看项目代码和角色，与该项目的作者交流切磋。这些功能的具体操作在《Scratch 3.0 少儿积木式编程（6 ~ 10 岁）》一书中有讲解，本书就不作详细介绍了。

在线编辑器的神奇之处，在于其"书包"功能。如果用户想把两个单独的 Scratch 项目中的角色合并到一个项目中，就必须通过书包功能。书包功能对于团队合作非常有必要。

这一部分的具体操作将在第四部分最后的项目联调部分介绍。离线编辑器没有书包功能，所以通常我们在离线编辑器中完成编程后，需要使用在线编程功能才能将程序共享到社区或与其他伙伴协同工作。

离线编辑器的安装

　　Scratch 桌面版离线编辑器（Scratch Desktop）可以让小朋友在无网络连接的情况下使用编程功能，并且本地化操作的响应速度通常比在线快，尤其是在打开和保存文件时更明显。

　　下载与安装 Scratch 离线编辑器的步骤如下。

Step1 在浏览器中，输入 Scratch 官网地址，进入官网页面（或直接在浏览器搜索栏中搜索 Scratch，选择官方页面进入）。在页面底部将语言切换为中文，单击页面下方"下载"栏目中的【离线编辑器】按钮。

Step2 选择计算机的操作系统以下载相应版本的安装文件，单击【下载】按钮，如下图所示。

Step3 根据提示选择安装文件的存储路径，确认下载，等待一段时间完成下载。

Step4 安装文件下载到本地后，双击安装文件进行安装。

Step5 根据提示安装完毕后，双击软件图标打开 Scratch Desktop 离线编辑器，界面如下图所示。

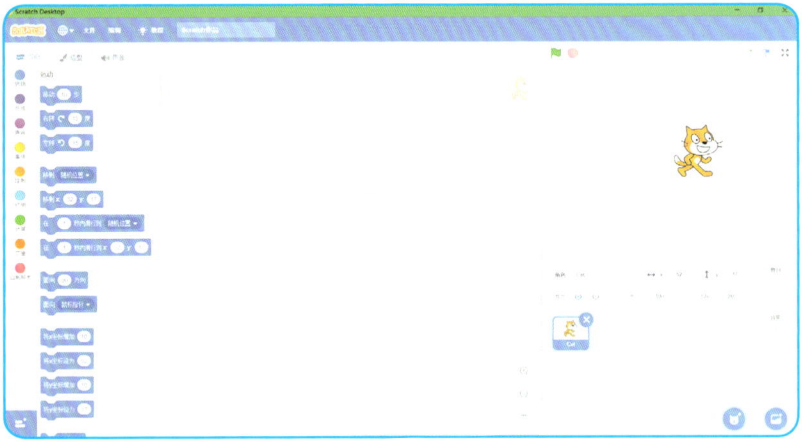

💡 离线编辑器左上角有个地球形状的按钮 ，单击它可以随时设置语言，如中文或英文等。

扩展功能介绍

在 Scratch 3.0 中，有一些相比于 2.0 版本更专业的功能被统一放到了扩展功能中。

扩展功能的位置：在角色区选中一个角色，单击左上角的【代码】模块，此时左下角会出现一个【添加扩展】按钮 （当鼠标指向该按钮时会有提示），如右图所示。

单击该按钮，可以打开下图所示的界面，这就是 Scratch 3.0 的扩展功能了。

扩展功能共包括以下几个种类。

● 音乐：该功能可以通过编程实现演奏乐器的效果，如右图所示。该功能的使用方法第 4 章中有具体讲解。

● 画笔：该功能可以实现编程绘制图像，如右图所示。该功能的使用方法在第 6 章中有具体讲解。

● 视频侦测：该功能可以通过摄像头侦测用户的动

作，然后实现编程效果。如可以编写一段代码，当开启摄像头后，小朋友在镜头中用任何物品或身体触碰舞台上的小猫，小猫就会喵喵叫。

- 文字朗读：该功能可将文字转化为语音朗读出来。

- 翻译：该功能可以翻译各国文字。

- Makey Makey：该功能可以把任何东西变成按键。通过搭建电子线路和使用 Makey Makey 线路板，我们可以将任何物体转化为按键信号控制器。如下面左图所示，假如每个水果都连接了信号线，带有正向的电压，那么小朋友如果一只手持"地线"，另一只手拍打某根香蕉，就会使该条电路连通，从而产生对应的按键信息，这个信息的电信号会通过线路板上的集成电路以及 USB 接口传递到计算机的程序中。

按键的定义是可以更改的，Makey Makey 官网上提供了更改方法。通过这种方式，小朋友可以自制按键或游戏手柄，包括方向键、空格键，还可以实现鼠标左键的单击事件。

在 Scratch 中使用这些按键事件来编程时，既可以使用单独的按键信息，也可以组合使用。下面右图就是组合使用的例子，只要依次拍打上、上、下、下、左、右、左、右方向键对应的香蕉，就可以触发程序，播放名为 Video Game2 的音乐。

● Micro:bit：通过接口连接 Micro:bit 硬件开发板后，Scratch 中会出现相应的扩展积木，小朋友可以通过该功能对连接的开发板进行编程。这个是新增功能，需要小朋友自行购买一个 Micro:bit 开发板，板上带有按键、LED 和运动感应器。

在计算机上安装 Scratch link 驱动文件并通过蓝牙将其与开发板连接，通过电池或数据连接线给开发板供电，小朋友就可以在 Scratch 中编程控制开发板了。

● LEGO MINDSTORMS EV3：通过该功能可以连接乐高机器人并通过编程对其进行控制。

● LEGO WeDo 2.0：通过该功能可以连接乐高的电动机和传感器并通过编程对其进行控制。

2

第二部分
简单小实例

小朋友们，现在轮到你们上场啦，打开你的Scratch软件，开始正式进入奇妙的编程世界吧，希望你在这里能够享受编程的快乐，在编程世界里充分发挥你的想象力，创造出和别人不一样的动画和游戏。

这一部分的两个小实例都很简单易学，小朋友们可以通过这两个小实例的练习来熟悉Scratch的编程积木和它们的主要功能。

第 2 章
游泳的小鱼

庄子曰："鲦鱼出游从容，是鱼之乐也。"

惠子曰："子非鱼，安知鱼之乐？"

庄子曰："子非我，安知我不知鱼之乐？"

小朋友们，你们能理解上面这段对话吗？这是惠子和庄子在濠水的一座桥上散步时看到游动的小鱼发出的感叹。庄子说："鲦鱼在水里悠然自得，这是鱼的快乐啊！"惠子说："你不是鱼，怎么知道鱼的快乐呢？"庄子说："你不是我，怎么知道我不知道鱼的快乐呢？"短短几句话里，你来我往之间蕴含了丰富的智慧。这一章，就让我们来制作几条游泳的小鱼，体现小鱼游动的快乐吧！

利用 Scratch 强大的背景库，我们可以让鱼儿在广阔的大海里畅游。小朋友们想象一下，在大海深处，在深蓝的海底，有珊瑚、海星、海草，几条漂亮的鱼儿穿梭其中，这是多么悠闲而又快乐呀！

先睹为快

本节会用到下面这些积木。

积 木	功 能	提 示
当 🚩 被点击	单击绿旗 🚩 按钮，可以运行这个积木下面连接的积木	一个程序的开始需要由我们来控制，而这块积木就是控制程序的开关
重复执行	控制其内的积木永远循环执行	只要我们能总结出重复的规律，就可以借用循环语句，让程序一直重复执行
移动 10 步	执行一次，可以让角色向右移 10 步，如果将 10 改为 −10，则角色向左移 10 步	小朋友们可以想想 10 和 −10 的含义
碰到边缘就反弹	角色碰到舞台边缘可以弹回来，不会走到舞台外面	这是运动类积木中有侦测功能的神奇积木。它能监测角色的动作，一般与循环积木配合使用

续表

积　木	功　能	提　示
将旋转方式设为 左右翻转 ▾	在角色运动时，如果有角度变化，可指定左右翻转、不旋转或任意旋转等方式	它与"面向""移动"两个积木是好伙伴，可以搭配使用
播放声音 pop ▾ 等待播完	用这条积木，可以播放我们想要的声音，等待播放完后再向下执行其他积木	这是"播放声音"和"等待"两个积木的合体，只不过正好等待了声音文件长度的秒数。【pop】是一个圆角形积木，表明它是一个变量，这个位置也可以被其他声音文件的变量替换

实用锦囊

　　在设计和制作动画时，小朋友们既要注意观察生活，又要发挥一定的想象力，设计的角色和背景要和谐、匹配才能美观。小朋友们可以多多尝试不同的组合，设计不同的动作，通过不断尝试和丰富细节来实现自己想要的效果。

　　作者曾认识一位小朋友在看到《天龙八部》中段誉的绝世武功"凌波微步"时，突然想实现这个动画，于是他通过尝试，找到了"虚像"效果，利用很多事件和循环，折腾了一个下午，终于完成了一只拥有"旷世奇功"的小猫的动画，活灵活现地展现了"凌波微步"的精髓。相信每个小朋友都有这样灵光一现的时刻，别怕浪费时间，多多尝试，别辜负自己的灵感和热爱。

🐟 美丽的小鱼：选取角色

　　在制作动画时，角色和角色所在的环境通常要匹配，比如鱼和水，兔子和草地，巫师与魔法森林等。因此在设计动画时要反复挑选和变换角色与背景，然后通过编程实现动画效果，看看是否达到自己想要的效果，之后再确定方案并完善细节。

游泳的小鱼

下面我们先选取一条合适的小鱼作为这个动画的角色。

Step1 单击【文件】/【新建项目】，单击角色区小猫角色右上角的小叉号按钮 ✪，删除小猫角色，清空舞台区。

Step2 单击角色区右下角的绿色按钮 🐱，弹出系统预置的角色列表。

角色1

选择一个角色

Step3 在角色列表里单击【动物】这个类别，选择小鱼【Fish】，这样小鱼角色就被加入舞台中央了。

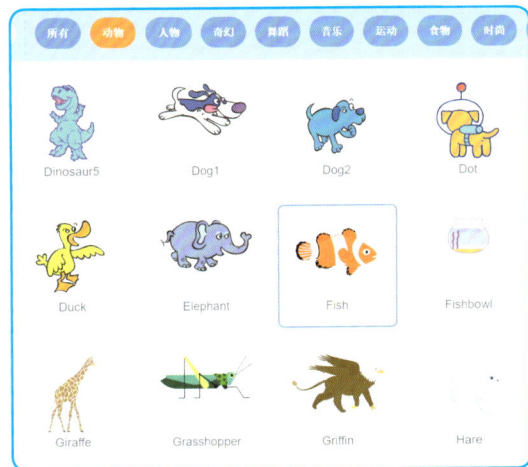

所有 动物 人物 奇幻 舞蹈 音乐 运动 食物 时尚

Dinosaur5 Dog1 Dog2 Dot

Duck Elephant Fish Fishbowl

Giraffe Grasshopper Griffin Hare

💡 小朋友们要记住这个添加角色的方法哦，这是添加角色的基本方法之一，也是 Scratch 的基本操作，本书后面所有的案例添加角色基本都是用这样的方法。

🐟 来回游动的小鱼：运动与循环

　　小鱼的角色添加好了，接下来让我们正式开始制作动画，首先让小鱼动起来吧！

Step1　单击【代码】/【运动】，拖动【移动 10 步】积木到编程区。

运动、声音的添加

Step2　单击【移动 10 步】积木，可以看到小鱼在向右游动，不停地单击积木，小鱼就不停地游动。

Step3　单击【代码】/【控制】，拖动【重复执行】积木到编程区的【移动 10 步】积木上，让两块积木吸合起来后再释放鼠标。

Step4　单击【重复执行】积木，可以看到小鱼从左侧游动到右侧去了。单击红色按钮 🔴 使程序暂停，用鼠标把小鱼拖回左侧，再单击【重复执行】积木，小鱼又游走了。

Step5　单击【代码】/【事件】类别，添加【当 🏳 被点击】积木。单击舞台上方的绿旗按钮 🏳，可以看到小鱼游走后，尾巴停留在右边界。用鼠标把小鱼拖回左侧，

单击绿旗 ◢，再迅速单击红色按钮 ●，可以控制小鱼一段一段地游动，不会跑出边界。

💡 我们总不能每次都用鼠标让小鱼返回吧！那么如何让小鱼自动返回到左边界呢？

Step6 单击【代码】/【运动】，拖动【碰到边缘就反弹】积木到编程区，单击绿旗 ◢，可以看到小鱼游到右边界后，肚皮朝上地向左游回来了。

💡 小鱼可以从右边界游回左边界，这说明使用这个积木能达到目的。但是让小鱼大头朝下可不太好，如何让小鱼头朝上地游回来呢？

Step7 单击【代码】/【运动】，拖动并添加【将旋转方式设为左右翻转】积木。再次单击绿旗 ◢，可以看到小鱼的肚皮不再翻上来了，它能以正确的姿势左右来回游动啦！

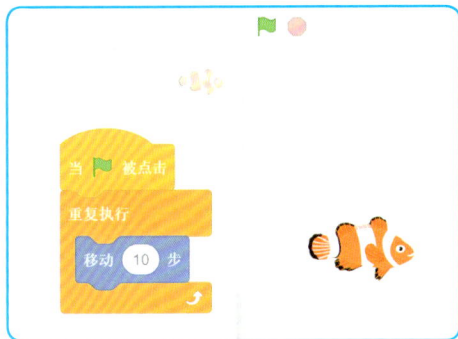

🧩 **扩展训练**

试试将旋转方式里的"左右翻转"换成其他的命令，看看会有什么效果？

✓ 左右翻转
不可旋转
任意旋转

当 ▶ 被点击
重复执行
移动 10 步

当 ▶ 被点击
重复执行
移动 10 步
碰到边缘就反弹

当 ▶ 被点击
将旋转方式设为 左右翻转 ▼
重复执行
移动 5 步
碰到边缘就反弹

湛蓝的大海：添加背景

有了角色，我们还需要让角色有活动的背景，接下来为小鱼添加一片大海吧！

Step1 用鼠标指针指向绿色的舞台背景按钮，单击【选择一个背景】按钮，打开系统预置的背景库。

Step2 在背景库列表中的【水下】类别中选择水底世界背景【Underwater1】。

Step3 此时背景被加入舞台中。

小鱼的朋友：造型与大小

接下来让我们为小鱼添加一些伙伴，让小鱼和它的朋友们一起畅游。

Step1 用鼠标右键单击角色区的【Fish1】，在弹出的菜单中选择【复制】选项，复制出第 2 个小鱼角色【Fish2】，再次重复操作，复制出第 3 个小鱼角色

【Fish3】，这样就有了 3 条一模一样的小鱼。

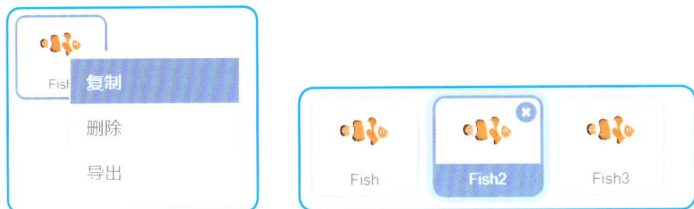

Step2　单击角色区的【Fish2】，然后单击窗口左上角的【造型】模块，选择【fish-b】造型，这样第 2 条小鱼的造型就变成了 fish-b 造型。

Step3　单击角色区的【Fish3】，然后单击窗口左上角的【造型】模块，选择【fish-c】造型，第 3 条小鱼的造型就变成了 fish-c 造型。

💡 这个过程也可以通过将【代码】/【外观】/【换成 fish-b 造型】积木拖入程序来实现。

　　大海里的鱼儿有的大，有的小，那我们创作的动画中的鱼儿自然也要有大有小，这样才更加真实、美观。

Step4　单击角色区的【Fish2】，将角色列表上方"大小"后的文本框中的 100 改为 40（这里的数值指的是角色大小相对于原始大小的比例，100 指的就是原始大小的 100%，40 指的是原始大小的 40%，不是当前尺寸的 40%）。

💡这个过程也可以通过将【代码】/【外观】/【将大小设为 40】积木拖入程序来实现。同样，也可以把【Fish3】的大小设为 80，即原始大小的 80%，或更大的数（200，300 等）。

Step5 用鼠标拖动舞台区的 3 条鱼，将它们分别放在不同的位置，单击 ▶，3 条小鱼就都可以来回游动了。

💡我们知道大海里并不是所有的小鱼都游得一样快，有的快，有的慢，那怎么实现不同的速度呢？

Step6 在角色区单击小鱼【Fish】，在编程区将【Fish】代码里的移动步数改为 5，再在角色区单击【Fish3】，用同样的方法将移动步数改为 3，

移动 5 步　　移动 10 步　　移动 3 步

【Fish2】的【移动 10 步】不变。单击 ▶，可以看到 3 条小鱼游动的速度有快有慢，就可以体现出小鱼的生动多样啦。

扩展训练

试试把不同小鱼的【移动……步】积木中的步长数字 10 改成不同的数值，比如：20、5、1，或 -10、-5、-1，单击 ▶，看看会有什么效果？

实用锦囊

1. 如果你希望同时看到一条小鱼的 3 个造型，必须将它复制为 3 个角色，每个角色显示一个造型，如果只使用一个角色的话，即使它有 3 个造型，这些造型也只能切换轮流显示，不能同时显示。

2. 复制角色时，该角色的代码也同时被复制过来了，也就是说这 3 个角色的代码都是一样的。

3. 修改某一个角色的代码时，必须先在角色区选中这个角色，再在它对应的编程区里进行修改。

大海的声音：配音

大海可不是寂静无声的哦，大海里既有小鱼吐泡泡的声音，也有海浪翻涌的声音，那么让我们来为整个动画添加一些声音吧，让动画更加真实、有趣！

Step1 和添加动作一样，要为谁添加声音，就要先选中谁。这里我们要添加声音的对象是大海，所以先单击窗口右下角的舞台，为大海添加背景音乐。

Step2 单击窗口左上角的【声音】模块，用鼠标指针指向左下角的添加声音按钮 ，会弹出绿色菜单 选择一个声音 ，单击此按钮，打开系统预置的声音文件。

Step3 单击【搜索】文本，输入 water 进行搜索。系统会列出与水有关的声音，用鼠标指针指向某个图标，就能听见该图标声音的效果。我们选择【Ocean Wave】，这个声音就被添加进来了。当然你也可以选择其他你喜欢的声音。

Step4 声音文件被选择进来后，在声音缩略图中，我们注意到此声音文件名称下面的数字是 4.52，它表示声音文件长度为 4.52 秒。声音文件左上角的序号显示为 2，这个序号在编程中非常有用，本书后面的案例将用到这个序号。

Step5　在声音的编辑界面中单击播放按钮▶，预览一下效果。

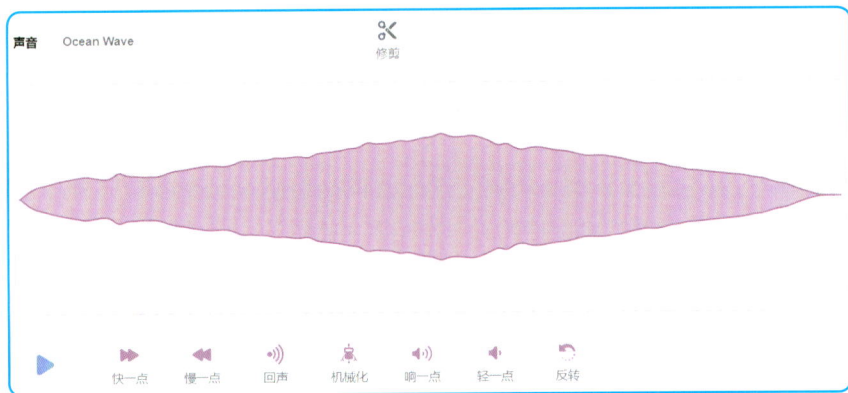

💡该界面提供了对声音编辑的工具，单击一个工具，系统会自动进入预览状态，通过撤销按钮 ↶ 和恢复撤销按钮 ↷ 可以恢复到你想要的声音效果。

　　声音文件的长度很关键，当需要为不同的场景配不同的音乐的时候，就需要对音乐长度进行编辑，让音乐的变化与场景的切换同步起来。在本例，此处无须编辑。

Step6　单击【代码】模块，在【声音】类别中将【播放声音……等待播完】积木拖到编程区，并单击下拉按钮▼，将声音文件换成 Ocean Wave。

Step7　将【代码】/【事件】中的【重复执行】积木拖到编程区，放在播放声音的积木外，再将【代码】/【事件】中的【当▶被点击】积木拖到编程区，放在【重复执行】积木上面，就可以重复播放海浪的声音了。

💡 现在，小鱼在大海中游泳的动画就做好啦，快单击 🏴 播放你的动画，让你的小伙伴也来看看。小朋友们也可以想想看，动物园或学校的场景应该怎么实现呢？

扩展训练

　　小朋友们试一试，把【变量】中的【我的变量】积木分别拖动到蓝色和紫色积木中的参数选择区，看看是否可以搭配使用？

　　答案：方形的参数区不能容纳圆角形的变量积木，所以只有第二个积木可以搭配【我的变量】。这里【我的变量】可以换成任何圆角形积木。这是一种非常常见的使用方法。小朋友们，试一试，你还发现哪些积木可以这样扩展使用呢？

第 **3** 章

雪中踢球的少年

本章我们利用 Scratch 制作一个少年在雪中踢足球的场景。

在一个白雪皑皑的冬日，山中有个活力四射的少年在追逐彩色的足球。足球随机出现，小朋友可以利用鼠标控制少年的位置。动一动鼠标，让少年追逐足球，如果少年碰到足球，就会显示踢球的动作，发出踢球的声音。少年很调皮，当按左方向键或右方向键时，他可以快乐地旋转、翻跟头。快来试试吧！

先睹为快

本章会用到下面这些积木。

积　木	功　能	提　示
当按下 → ▼ 键	按键事件可以触发一段程序的执行	我们为一个事件预先写好代码，当这个事件发生时，就会触发这段代码。如果这个事件不发生，这段代码就不会被执行。在下拉菜单中有很多按键事件可供使用
左转 ↺ 15 度	执行一次，可以让角色向逆时针方向旋转15度	通过更改【造型】中角色与中心点的位置关系，可以方便地更改旋转中心
右转 ↻ 30 度	执行一次，可以让角色向顺时针方向旋转30度	通过更改【造型】中角色与中心点的位置关系，可以方便地更改旋转中心
移到 鼠标指针 ▼	把角色设置为跟随鼠标指针移动的效果	此积木的功能就是随时侦测鼠标指针（或某角色）的位置，然后把该角色移到指针所指的位置。它的下拉菜单中的选项有：移到鼠标指针、移到某角色、移到随机位置

续表

积　木	功　能	提　示
如果　那么	该积木表示分支语句。在执行时先判断尖角形积木中的条件是否成立，如果成立，就执行该积木中包含的积木；如果不成立，就不执行它包含的积木，而顺序执行接下来的其他积木	编程思维中，顺序、分支和循环是三个非常重要的概念。它们分别保证了代码按什么顺序执行、代码在何时执行以及哪些代码要重复执行
移到 x: 0 y: 0	让角色在指定坐标位置显示	舞台区域的 x 坐标（横向）范围从左至右为 -240 到 240，y 坐标（竖向）范围从下至上为 -180 到 180。如果角色坐标不在这个范围，程序仍会执行，只是我们看不到或看不全这个角色
在 -180 和 180 之间取随机数	在两个数之间随机取一个数	随机数可以带来很多乐趣。它是系统提供的隐藏变量，只有使用"说话"功能或赋值给变量或列表才能显示出来
显示　隐藏	显示角色 / 隐藏角色	选择显示角色后，如果仍然看不见角色，需检查是不是没有设置停留时间，以致角色一闪而过，或检查角色是否被其他图层遮挡了。在编程时我们如果希望某角色在某事件发生时才显示出来，则要在程序开始时隐藏它直致某事件发生
碰到 Soccer Ball ▼ ?	判断当前角色是否碰到了某个角色	碰撞检测是非常重要的侦测功能之一，通过检测当前角色是否碰到边缘、其他角色、颜色，以及某颜色是否碰到某颜色等，可以设计出很多有趣的游戏和动画

⚽ 少年运动：旋转与跟随

　　我们故事的主人公，是一位活力四射的少年，他在美丽的山间玩耍，山中有洞穴、枯树、岩石，当然，还有他最爱的足球。这里，足球和少年是角色，而其他都是背景。我们先选择角色与背景。

Step1 清空舞台区，使用【选择一个角色】功能，分别选取男孩【Ben】和足球【Soccer Ball】两个角色。单击【Ben】，在左上角的【造型】中选择第 4 个作为男孩的造型。

少年的编程步骤

Step2 在系统预置的背景列表中选择图片【Mountain】。

实用锦囊

　　Scratch 系统中有 300 多个预置角色，想要找到特定的角色会比较困难。因此，我们可以通过单击相应的分类来缩小范围。

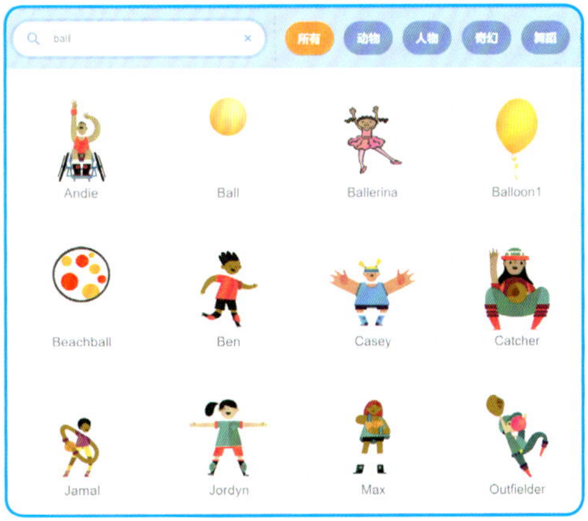

　　如果没有找到足球角色，可以在角色列表界面左上角的文本框中，输入 "ball"，缩小搜索范围，这样与球有关的角色都会显示出来。

　　仔细观察图中这些角色，可以发现这些角色有个共同特征：要么名字中包括 "ball"，要么动作或情境与球类运动相关。

温馨提示

　　小朋友们注意，当我们需要对足球【Soccer Ball】编程时，就不能把足球当作背景的一部分，而是要把它当作角色。

　　同样，当我们需要对背景进行编程时，即需要让背景大小变化或移动时，我们也要把背景当作角色对待，所以角色与背景在某种意义上来说是可以互相转化的。

　　这位少年活力四射，他会各种高难度的动作，比如腾空旋转；他也很调皮，能跟随鼠标指针到处移动。下面就让我们给少年加上这些能力吧。

Step3 为男孩【Ben】添加代码。单击角色区的【Ben】，单击【代码】/【事件】，拖动【当按下空格键】积木到编程区，在下拉菜单中，将空格改为←。

当按下 ← ▼ 键

Step4 单击【代码】/【运动】，拖动【左转 15 度】积木到编程区，将 15 改为 30。

当按下 ← ▼ 键
左转 ↺ 30 度

Step5 用鼠标右键单击事件积木【当按下←键】，在弹出的菜单中选择【复制】，将复制出的一组积木中的参数分别改为→和 30。

当按下 ← ▼ 键
左转 ↺ 30 度

当按下 → ▼ 键
右转 ↻ 30 度

Step6 不断地按下键盘上的左、右方向键，可以看到少年在左右旋转。

Step7　在【代码】/【运动】中，拖出【移到鼠标指针】积木到编程区，用【重复执行】积木将其包裹起来，这个积木组合可以让 Ben 跟随着鼠标指针的移动而转移位置。单击一下绿旗 ⚑ ，动一动鼠标，试试效果。

⚽ 少年踢球：判断与侦测

　　现在，我们要给 Ben 加入侦测功能，判断他是否碰到了足球。如果侦测结果为碰到了足球，Ben 就做出"踢"的动作，也就是快速展示一下 4 个踢球的造型。

Step1　选择角色【Ben】，拖动【碰到……？】到编程区，将其中的变量修改为 Soccer Ball。再将【如果……那么……】拖到编程区，将【碰到 Soccer Ball】积木放入尖角形框中。

Step2　拖动【重复执行 10 次】积木到"那么"下方的空白处，将数字 10 改为 4。

Step3　拖动【下一个造型】和【等待 1 秒】积木到"重复执行"下方的空白处，并将 1 改为 0.1。最后组合成右图所示的积木组合。

💡 这一段的意义是，判断少年是否碰到了足球，如果碰到了足球，那么就重复执行 4 次变换造型的代码，每变换一次造型停顿 0.1 秒，形成一个连续的少年踢球的动作。

最终完整的代码如图所示。

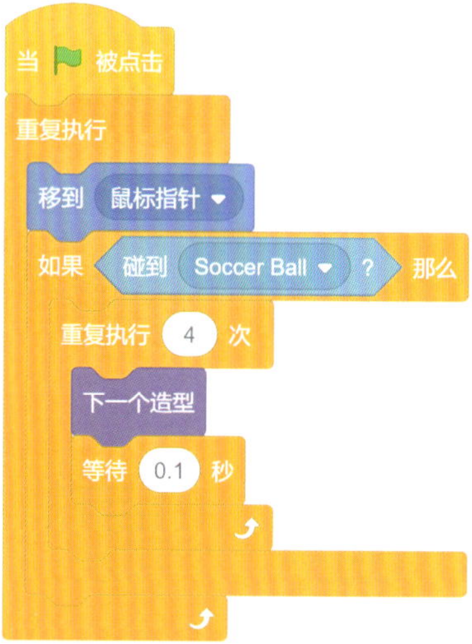

扩展训练

结合上一节的知识，小朋友们也可以试试不使用手动按下某键作为触发事件的开关，而是在循环中加入对某键是否按下的侦测判断，如图所示。从响应速度方面感受一下二者的差别，在实际的编程中，会更偏好用后面这种侦测的方法来进行判断。

⚽ 神出鬼没的足球：变色与随机出现

　　小朋友们还可以为足球涂上不同的颜色，也可以把足球变得扁一些，长一些，或为它画上眼睛，画上表情，使足球更有趣。当然，这些操作不是必需的，这里只是想让小朋友们看到，系统默认的角色是可以改造的，我们可以对任何一个角色进行处理。

足球的编程步骤

Step1 在角色区选中足球，单击【造型】模块中的【填充】工具按钮🅰，将填充颜色选择为红色，单击足球上的某个区域，将其喷涂为红色；再依次单击其他几个要填为红色的区域，完成喷涂。

Step2 然后将填充颜色换成蓝色，再依次单击另外几块区域。

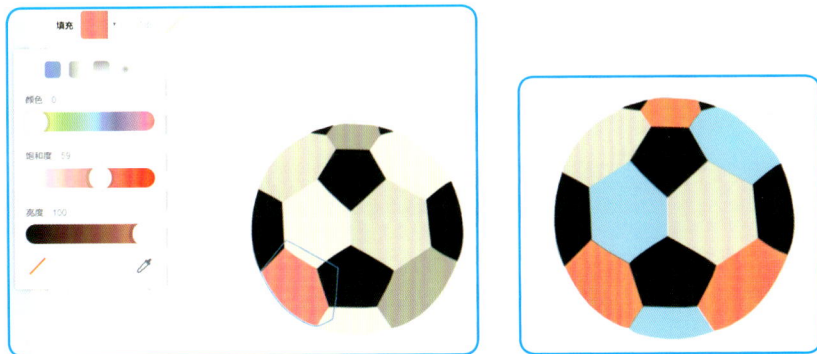

　　💡我们最终要实现的效果是让足球随机出现在某个地方，少年跟随鼠标指针移动过去踢球。现在我们开始为足球编程，让足球随机出现。

Step3 选择角色区的足球【ball】，拖动【移动 x:……y:……】积木到编程区。

Step4 单击【运算】类别，拖动【在……和……之间取随机数】积木到编程区，嵌入"x:"后面的圆角形框中，当此圆角形框变为高亮显示时，释放鼠标，两块积木就组合到一起了。

在 (1) 和 (10) 之间取随机数

移到 x: (-18) y: (29)　　　　　移到 x: (-18 在 (1) 和 (10) 之间取随机数

Step5 复制【在……和……之间取随机数】积木，将其嵌入"y:"后面的圆角形框中，当圆角形框变为高亮显示时，释放鼠标。

移到 x: 在 (1) 和 (10) 之间取随机数 y: (29)

复制
添加注释
删除

移到 x: 在 (1) 和 (10) 之间取随机数 y: (-64)
在 (1) 和 (10) 之间取随机数

Step6 更改随机积木中的参数。因为舞台区域的 x 坐标范围是从 −240 到 240，y 坐标范围是从 −180 到 180，为了保证角色在舞台区域内，我们取值如下图所示。这表示每次角色位置的 x 坐标是在 −180 到 180 随机取一个值，y 坐标是在 −120 到 120 随机取一个值。

移到 x: 在 (-180) 和 (180) 之间取随机数 y: 在 (-120) 和 (120) 之间取随机数

Step7 在【外观】类别中选择【显示】和【隐藏】积木，并添加【等待 1 秒】积木，让足球随机闪现 1 秒后马上消失。如果想让游戏更难玩，可以分改变显示和隐藏的等待时间。

⚽ 寂静山间的踢球声：配音

　　雪后的山间非常安静，此时踢足球的声音就会越发明显，所以我们再为动画加上恰当的声音。

　　系统里只有打篮球的声音类似，我们可以借用一下。添加声音很简单，只要在设计好运动以及造型等代码后，在合适的位置加入声音文件即可。

Step1　在角色区选中男孩，单击左上角的【声音】模块，在左下角单击【选择一个声音】按钮，选择系统中的打篮球【Basketball Bounce】声音。

Step2 在【代码】/【声音】中，拖出【播放声音……】积木放到编程区，单击下拉按钮▼，将声音文件替换为 Basketball Bounce。

播放声音 Basketball Bounce ▼

Step3 将该积木放到侦测少年是否碰到足球的处理代码中，这样少年每次踢到球都会出现声音。

```
如果 碰到 Soccer Ball ▼ ? 那么
  播放声音 Basketball Bounce ▼
  重复执行 4 次
    下一个造型
    等待 0.1 秒
```

最终的代码如图所示。

```
当 🚩 被点击
重复执行
  移到 鼠标指针 ▼
  如果 碰到 Soccer Ball ▼ ? 那么
    播放声音 Basketball Bounce ▼
    重复执行 4 次
      下一个造型
      等待 0.1 秒
```

Step4 编程结束后，别忘记保存文件。单击【文件】/【保存到电脑】，选取合适的文件夹，输入文件名字，如"第 3 章 _ 雪中踢球的少年 .sb3"，单击【保存】按钮。这样，一个完整的动画就做完了。

3

第三部分
扩展功能实例

经过第二部分简单小实例的学习，小朋友们已经能够很熟练地掌握简单动画的制作方法了。这一部分开始，我们要深入学习音乐、画布、画笔3个有特色的扩展功能。这一部分包括3章：其中第4章为喜爱音乐的小朋友们讲解五线谱的编程方法；第5章为喜欢原创和绘画的小朋友们讲解角色的绘制方法和编程思路；第6章为想成为科学家或工程师的小朋友们准备了带有算法的创意编程。

相信能够学会并灵活运用这3章内容的小朋友，将来一定会成为优秀的音乐家、画家或科学家。怎么样，等不及了吧，快往下看吧！

第 **4** 章

乐声悠扬：声音扩展

　　很多小朋友都对音乐感兴趣，有的小朋友在课余时间还学习了钢琴、架子鼓、二胡、小提琴等乐器。不过，一位小朋友每次只能演奏一种乐器，一个人演奏时乐曲就略显单薄，那怎样才能实现乐器丰富的演奏效果呢？Scratch 就提供了一个神奇的功能——声音扩展，它可以让小朋友通过编程实现乐器合奏，就像一个乐团一样，具体怎么操作呢？快往下看吧！

先睹为快

本章会用到下面这些积木。

积　木	功　能	提　示
演奏音符 60 0.25 拍	按照设定的拍长演奏设定的音符	这是音乐编程中最常用的一块积木。音乐编程就是通过数字来改变音符和拍长的编程过程
将乐器设为 (1) 钢琴	设定乐器音色	不同乐器具有不同的音色，Scratch 包含多种乐器的音色
将演奏速度设定为 60	设置拍长	60 指的是演奏的节奏为 1 分钟 60 拍，每 1 秒演奏 1 拍。数值越大，节奏越快
休止 0.25 拍	设置休止的拍长	0.25 表示休止符占用的拍长
将 颜色 特效设定为 0	设置颜色特效	把颜色特效设定为一个数值，0 表示原始颜色色。特效数值的其中一个取值区间为 0 ～ 200。颜色选项下的下拉菜单中还有很多其他特效，如亮度、鱼眼、像素化、马赛克等
将 颜色 特效增加 3	改变颜色特效	文本框中填正、负数值均可，填负值时相当于将颜色特效减去对应的值
将 亮度 特效设定为 0	设置亮度特效	把亮度特效设定为一个数值，亮度特效数值的取值区间为 −100 到 100。0 表示原始亮度，100 表示最亮，−100 表示最暗

音乐会现场：特效

本节我们先为音乐会设置一个背景舞台，好让乐器能在舞台上演奏。

Step1 单击【代码】，查看是否有【音乐】类别，如果没有，则单击【代码】左下角的【添加扩展】图标，单击扩展列表中第一项【音乐】，这时，音乐的图标 就被添加到【代码】模块中了。

Step2 选取系统中预置的角色【Keyboard】和背景【Concert】。

舞台特效编程步骤

Step3 选中舞台背景，在【代码】/【外观】中选取特效相关的积木，单击"颜色"旁的下拉按钮，可以看到系统提供的特效种类，我们使用其中的"颜色"与"亮度"两个特效。

将　颜色 ▼　特效设定为　0　　　将　亮度 ▼　特效设定为　0

Step4 对舞台进行编程。对于颜色特效积木，其颜色设定数值增加时，角色的颜色效果是循环变化的，所以可以把它放在【重复执行】积木内。但亮度的特效数值增加到 100 以后，角色会亮得看不见，所以一般不放在【重复执行】内部。

💡 注意，我们在程序开始时需要给颜色赋初值，让它每次运行时不依赖上一次运行的结果。单击 ▶ 运行程序，欣赏一下舞台绚丽的色彩变换吧。

当 ▶ 被点击
将　颜色 ▼　特效设定为　0
将　亮度 ▼　特效设定为　12
重复执行
　　将　颜色 ▼　特效增加　1
　　等待　0.1　秒

🎵 钢琴独奏：编写乐曲

现在我们要开始音乐编程了。首先需要对编程环境初始化，设定音量、乐器种类、拍长等，然后再开始编曲。初始化就好比小朋友们回到家准备做作业时，首先要把文具和书本拿出来，然后再开始正式做作业一样。我们通常把初始化代码放在【当 ▶ 被点击】事件中，在程序一开始就进行初始化。

音乐的初始化

演奏音乐时，常常要求左右手同步，为了加强同步效果，最好使用相同的触发事件，比如钢琴左右手可以均使用【当按下空格键】触发演奏，而不使用单击作为开始事件，以免与初始化过程冲突。

Step1 添加【Keyboard】角色，选中该角色后在【代码】/【声音】中选取【将音量设定为……%】积木，并将音量设定为 80%。

Step2 将【将乐器设定为……】积木拖入编程区，并将乐器设置为（1）钢琴。

Step3 将【将演奏速度设定为……】积木拖入编程区，并将演奏速度设定为 60。最终，初始化的代码如图。

💡 接下来，我们开始编写曲谱内容的程序。根据这段五线谱来编写程序，用钢琴播放出右手高音的部分。能完成这个功能的积木是【演奏音符……拍】，我们可以通过设定数值大小来改变音符和音符的拍长。本章仅以第一音节为例，小朋友学完本章后，可以在此基础上完成第二个音节的编程。

Step4　在【代码】/【音乐】中选取【演奏音符……拍】积木。单击积木中的数字 60，积木下方出现一个键盘。单击键盘上的左、右箭头或直接单击琴键可以找到其他 8 度音阶。音符对应的数值每 12 个数字为一个周期，键盘上的白色键和黑色键都是可以单击的。

Step5　把演奏音符的积木复制为 4 个。在第一个积木上单击鼠标右键，在弹出的菜单中单击【复制】，重复此操作，复制出 3 个相同的积木。然后添加【当按下空格键】到演奏音符积木上。

💡 接下来依次按照乐谱改变每个积木的音符和拍长，按下空格键可以对音符声音效果进行预览，单击红色按钮 ● 可以暂停播放。

Step6　我们看到这段五线谱中的第一个音符是 ♪（la），在提示键盘中，单击一下第 6 个白键，即可取到这个键对应的数值 69。

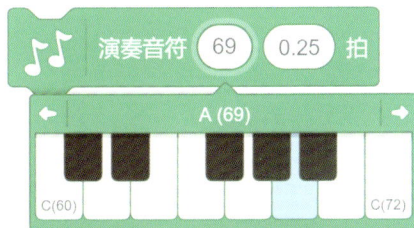

Step7 接下来确定拍长。本乐谱以四分音符为 1 拍，每小节 3 拍。积木中 0.25 指的就是 1/4 拍，那么 1/2 拍对应的数值是 0.5，1.5 拍对应的数值是 1.5。第一个音符▉代表的是 1.5 拍，因此把 0.25 改为 1.5 即可。

演奏音符 69 1.5 拍

💡 使用上述方法编写其他音符，最终右手高音部分的代码如下。

曲谱的编程

当按下 空格 ▾ 键

🎵 演奏音符 69 1.5 拍

🎵 演奏音符 60 0.5 拍

🎵 演奏音符 64 0.5 拍

🎵 演奏音符 69 0.5 拍

💡 在钢琴谱中，我们也经常会遇到休止符，▉就是休止符，它后面的点表示半拍。休止符本身为 1 拍，所以此处一共休止 1.5 拍。

Step8 在【代码】/【音乐】中将【休止……拍】积木拖入编程区，将 0.25 改为 1.5 即可以表示休止 1.5 拍。

🎵 休止 1.5 拍

Step9 继续拖动演奏音符积木到编程区，再加上休止积木，就可以完成钢琴左手低音部分的演奏程序了。

当按下 空格 ▾ 键
🎵 演奏音符 45 0.5 拍
🎵 演奏音符 52 0.5 拍
🎵 演奏音符 57 0.5 拍
🎵 休止 1.5 拍

最终在角色【Keyboard】中，要表达的音节和代码对照如下。

当 🏳 被点击
将音量设为 80 %
🎵 将乐器设为 (1) 钢琴 ▾
🎵 将演奏速度设定为 60
重复执行
下一个造型
等待 1 秒

当按下 空格 ▾ 键
🎵 演奏音符 69 1.5 拍
🎵 演奏音符 60 0.5 拍
🎵 演奏音符 64 0.5 拍
🎵 演奏音符 69 0.5 拍

当按下 空格 ▾ 键
🎵 演奏音符 45 0.5 拍
🎵 演奏音符 52 0.5 拍
🎵 演奏音符 57 0.5 拍
🎵 休止 1.5 拍

对乐曲和五线谱都不熟悉的小朋友也可以把五线谱翻译为程序。不过，首先需要把 Scratch 所有音符对应的数值写下来，然后按照琴谱图片中的音符，到对照表中查找同样的音符对应的数值。再根据琴谱中的拍长写上拍长的值。

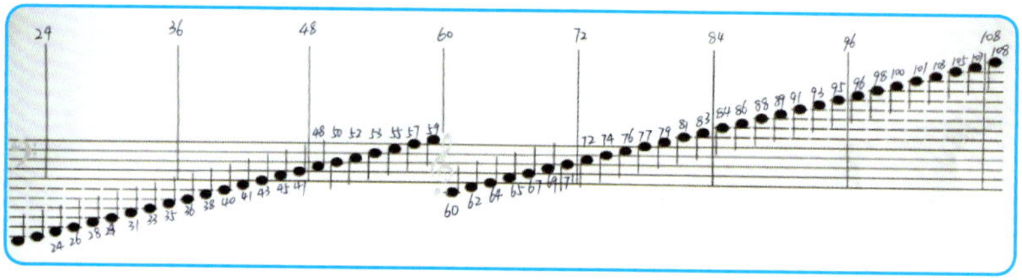

以下这段代码为表现久石让钢琴曲《SUMMER》中的一个小节的程序。

流行音乐：击鼓和演奏

小朋友还可以使用击鼓积木自创一些即兴打击乐。例如下面这段程序，小朋友们可以尝试自己搭建，运行并鉴赏。

🎵 积木变身：自制积木与函数封装

在大量使用"演奏"类积木编程时，不断弹出的琴键和输入小数点让操作非常不方便，其实只要简单地处理一下，就可以让它变身为简洁、好操作的积木。下面介绍一种名为封装的编程方法，它的功能就像整理房间时把东西收纳到抽屉里一样，可以大大提高舒适度。

Step1　单击【代码】/【自制积木】/【制作新的积木】按钮，在名称文本框内输入"演奏音符"，接着单击下面第一个按钮【添加输入项数字或文本】，在第一个圆角形框内输入"音符"，再次单击该按钮，在第二个圆角形框内输入"拍长"，然后单击完成。

Step2 这时，编程区出现了一个红色的自定义积木，拖动【演奏音符……拍】到自定义积木下方，把自定义积木中的【音符】与【拍长】两个圆角形积木分别拖动到下方演奏音符积木的参数位置上，并且使用【代码】/【运算】中的除法【/】积木对它们进行运算处理，组合后的积木如图所示。

Step3 这样，自制积木【演奏音符】就可以使用了，它与系统自带的【演奏音符……拍】积木的作用是完全一样的。

💡 编程中我们既可以对单独的一块积木进行封装，也可以对几块拼好的积木进行封装；自制积木中既可以带参数（比如这里的"音符"和"拍长"），也可以不带参数。

感兴趣的小朋友可以摸索一下，把三五个积木拼在一起，然后给组合积木取个名字，它就可以当作一块新积木来使用了。

第 **5** 章

骑车少年：画布绘图

　　Scratch 的编程爱好者们最开始都是用系统提供的素材进行编程的，但到了一定阶段，系统自带的角色已经无法满足他们的需求。细心的小朋友可能已经发现，在 Scratch 的官网上，绝大部分的动画都是手绘的。因为，手绘更能体现作者独特的思想。

　　这一章我们简单讲解一下如何在画布上使用矢量绘图工具进行绘图。本章关于自行车的源文件也会放在前言提到的社区中供大家下载、模仿和使用。

先睹为快

本节会用到下面这些积木。

积　木	功　能	提　示
舞台 ▼ 的 x坐标 ▼ ✓ x坐标 y坐标 方向 造型编号 造型名称 大小 音量 背景编号 背景名称	该积木主要配合侦测功能来使用，它可以帮助我们实时侦测其他角色或舞台的指定参数，非常实用快捷	【侦测】类别中提供了这个特殊的积木，我们可以称之为"参数大礼包"。除了这个"大礼包"以及【代码】模块中各类别提供的圆角形积木外，要想获得舞台或其他角色的更多参数，只能通过自定义全局变量或广播消息等方式
移到 x: 0 y: 0	让角色在指定坐标位置显示	它与上面的"参数大礼包"中的积木配合使用，可以实现角色之间联动的效果
广播 消息1 ▼	给所有角色或舞台背景发送消息	例如，当角色 B 需要在角色 A 的程序执行到一定时间时才能触发运行，那么就要在角色 A 中使用该积木来广播消息。根据需要，多个角色可以发布同一个名称的消息
当接收到 消息1 ▼	舞台背景和所有角色都可以接收广播消息并进行处理	因为广播消息是面向项目内发送的，所以舞台背景和全部角色都可以接收广播消息并进行各自的处理程序，包括发送方也可处理自己发出来的消息

利用绘图功能创建动画，既可以用"加法"，也可以用"减法"，本章使用"加法"。

"加法"：每画一笔，复制一个新造型，在新造型上添加下一笔，最终不同造型连续播放形成动画。

"减法"：在一个造型上全部绘完后，复制造型，每删除一笔，再复制一个新造型，再在前一个造型上删除一笔，直至删除最后一笔为止，最终不同造型连续播放形成动画。

无中生有的自行车：绘图

小朋友们可以用绘图工具创造一些角色来表达自己的想法，这些工具并不复杂。首先进入绘制角色的界面。用鼠标指针指向角色区右下角的绿色按钮，在弹出的菜单中单击【绘制】按钮，这样就能打开空白的角色造型绘制界面了。

画布上提供的功能按钮可以分为 4 类，同一类型的工具、功能虽然不同，但使用方法是相似的，这些类型工具的用法如下。

• 生产类工具：画笔工具、文本工具T、线段工具、圆形工具、矩形工具□。

使用方法：单击上述任何一个工具，设置好填充颜色和轮廓粗细后，在画布上任何一点单击作为绘制起点，拖动鼠标画出想要的图形后再释放。当需要取消选择该工具时，可以单击▶按钮或按键盘上的【Esc】键。其中文本工具T在单击画布后即可输入文本，不需要拖动鼠标。

绘图工具介绍

绘制

● 属性类工具：选择工具 ▶ 、填充工具 🥤 、橡皮擦工具 ✎、变形工具 ↖ 。

使用方法：单击填充工具、橡皮擦工具或变形工具进行设置，再依次单击或拖动画布上的对象，即可填充颜色、擦除或调整形状。使用完成之后，单击 ▶ 可以退出连续操作状态。

● 对象操作类工具：复制工具 🗐 、粘贴工具 🗐 、删除工具 🗑 、图层遮挡工具（往前放 ⬆ 、往后放 ⬇ ，放最前面 ⬆ 、放最后面 ⬇ ）、拆散工具 ▦ 、组合工具 ▦ 、左右镜像工具 ▶◁ 、上下镜像工具 ▼ 。

使用方法：使用 ▶ 工具选择要操作的对象，单击上述工具即可进行操作。

● 系统操作类工具：撤销工具 ↶ 、恢复工具 ↷ 、转换为位图（矢量图）工具、缩小工具 ⊖ 、还原工具 ＝ 、放大工具 ⊕ 。

使用方法：不需要选取对象，直接单击上述工具对应按钮即可进行操作。

实用锦囊

1. 如果需要画出竖直、水平或呈 45 度的线段，或需要画出规则的圆形、正方形，在使用线段工具 ／ 、圆形工具 ○ 、矩形工具 □ 时，需要先按住【Shift】键，再拖动鼠标指针。

2. 如果每个造型不在中心点附近作画，则所作角色造形在舞台上可能会出现偏移，有时会不在舞台内。这时可以通过设置角色的偏移值来整体调整，而不需要在每个造型中单独调整。

　　这里我们不详细介绍每一个造型的绘制过程，主要以介绍角色动画编程思想为主。已经完成的示例文件在资源文件中可以找到，包括 24 个造型：

- 自行车 1 ～自行车 15 为逐笔绘制自行车的过程示意图；
- 自行车 16 ～自行车 21 为逐个填充颜色的过程示意图；
- 自行车 22 ～自行车 24 为通过填充和旋转制作自行车车轮转动效果的过程示意图。

小朋友们可以直接打开本章对应的资源文件进行编程训练，该文件包括自行车角色的前 22 个造型，接下来小朋友们可以在这 22 个造型的基础上学习自行车动画的编程。

🚲 自行车动起来：动画

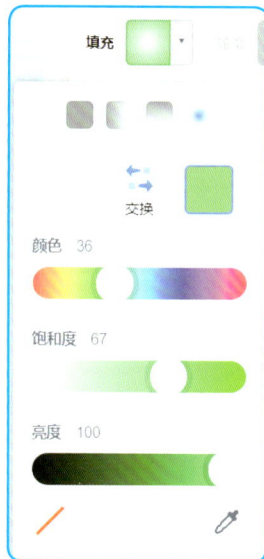

绘图完成后，就可以设计丰富的动画效果了。这里我们介绍两种设计动画效果的方法。

- 填充。对自行车前轮，我们利用填充色来制作动画效果。
- 旋转。对自行车后轮，我们利用旋转来制作动画效果。

Step1 复制自行车 22 造型两次，分别命名为自行车 23 和自行车 24。

Step2 单击填充工具 🪣，设置填充颜色。为了表现车轮的滚动效果，对前轮使用辐射渐变 ，颜色设置为白色和绿色的渐变。

Step3 依次单击自行车 22 ~ 自行车 24 造型的前轮位置，每次单击位置不同，渐变色的填充效果就不同。

<table>
<tr><td>自行车 22 前轮</td><td>自行车 23 前轮</td><td>自行车 24 前轮</td></tr>
</table>

💡 为了表现车轮的滚动，可以将后轮绘制得略扁，不是规则圆形，同时，在后轮上添加任意一个图案，这样自行车 22 ～自行车 24 造型的后轮图案每旋转一定角度，就可以呈现一定的动态效果。

Step4　在自行车 23 造型上，单击选择工具 ，单击后轮，出现选中的标记，标记下方有向左向右旋转的按钮 ，用鼠标指针按住此按钮，向左拉动约 45 度，释放鼠标，可以看到车轮的旋转效果。

Step5　在自行车 24 造型上对后轮继续旋转，最终自行车 22 ～自行车 24 造型的后轮效果图分别如下。

<table>
<tr><td>自行车 22 后轮</td><td>自行车 23 后轮</td><td>自行车 24 后轮</td></tr>
</table>

🚲 大刀阔斧改主角：配合

Scratch 提供了很多栩栩如生的预置角色，我们要好好利用。现在，我们一起学习一下怎么把男孩【Ben】变成骑车的样子，也就是让不同的角色配合起来。

整体思路为首先选取角色【Ben】，并调整他的尺寸，其次调整自行车的尺寸。然后调整男孩【Ben】的方向，拉长男孩的胳膊和腿，使 Ben 的手脚分别能够放到车把和脚蹬上。

Step1 在角色区单击选择一个角色按钮🐻，从系统提供的角色中选取男孩【Ben】。选中角色区中的男孩【Ben】，在角色区大小文本框中输入 200，或在【造型】的画布上选中角色并拖动右下角，使之变大。

Step2 单击左右翻转工具 ▶◀ ，使角色面向左侧。

Step3 在角色区选中自行车，将大小设置为 60，即原图大小的 60%。

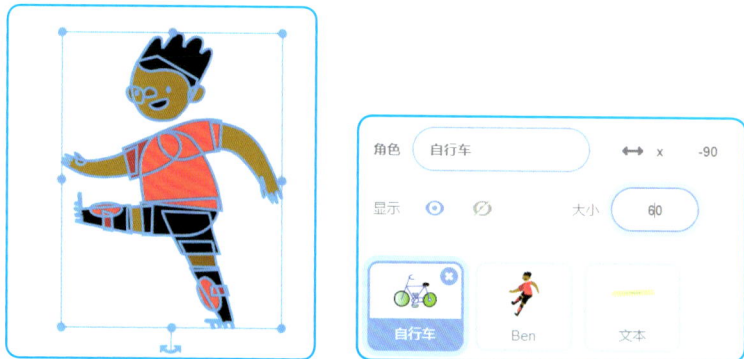

Step4　在角色区选中男孩【Ben】, 单击【造型】, 进入画布。在画布上, 用框选的方式选择男孩的腿, 并旋转拖动。选择时, 如果多选或少选了哪一部分, 只要按住【Shift】键再单击该部分, 即可添加或删除该部分。每拖动一次, 释放鼠标后, 画布中的变化都会反映到舞台上, 要注意观察右侧舞台中男孩与自行车的相对位置, 不断拖动、调整, 最终将脚放到脚蹬上。

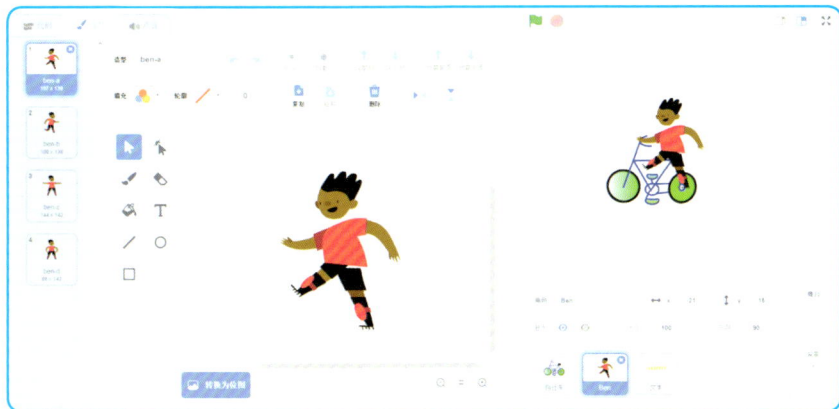

Step5　同样, 对另一条腿进行旋转、拉伸和移动, 让它可以放在对侧的脚蹬上。

Step6　画两个小椭圆，填充为黑色，旋转到合适的方向，放到男孩的脚上，充当鞋子。

Step7　选中男孩手臂并移动和拉伸，使之可以够到车把。小朋友也可以试着将 Ben 的另一只手也放到车把上，这样他骑车就会更安全了。

车走人也走：编程

　　首先，我们来为自行车编写代码。【自行车】这个角色的代码可以分为两部分。

　　1.　依次变换自行车 1～自行车 21 的造型，形成逐笔绘制自行车的动画效果，之后播放【广播消息 1】，等待 1 秒，然后出现一个男孩，骑上自行车。

　　2.　男孩骑着自行车从左侧离开。

　　为了让代码有层次，让程序看起来短一些，结构化好一些，易读一些，我们把第二部分用【骑走了】这个自制积木来代替。将【骑走了】积木的内容定义为先指定自行车 22 造型，然后换到下一个自行车 23 造型，再换下一个自行车 24 造型，换造型的同时将每个造

车走人也走
编程步骤

型角色都向左移动 1 步，重复 100 次，就形成了男孩骑上自行车离开的动画。自制积木的制作方法在前面已经讲过了，如果小朋友不熟悉可以翻到前面重新学习一下。

自行车部分的代码比较容易，我们就不详细讲解了，小朋友可以参考右面的代码进行编程。

实用锦囊

如果需要跨角色使用自制积木，需要把定义积木复制到另一个角色中，复制方法与跨角色复制代码是相同的，具体做法如下。

用鼠标指针拖动自制积木【定义骑走了】到角色区的相应角色上，可见其下面跟随的积木也被整体拖动，看到目标角色在晃动时，释放鼠标。这样，这个自制积木就被复制过来了，可以在这个新角色里使用。

如果想要删除自制积木，只要先删除编程区引用该自制积木的积木，再删除定义积木即可。删除方法可以单击定义积木，再按键盘上的【Del】键，也可以将积木整体拖动到左侧积木块调色盘区后再释放鼠标。

自行车代码完成之后，我们开始为男孩的角色添加代码。

男孩的角色在逐笔绘制自行车的时候是隐藏的，到自行车绘制完成且文字条闪动过后才可以显示出来。所以男孩的角色收到"消息1"后，先等待1秒，文字条闪动快消失时再显示，并且男孩图层要移到最前面，以防自行车挡住男孩的身体，然后男孩跟随自行车向前走。

男孩骑车，实际上是自行车移动时，男孩与自行车同时、同向、同速度移动，也就是在男孩这个角色的代码中，要实现实时侦测自行车当前的坐标，并保持自己与这个坐标的相对位置不变的功能。

自行车和男孩是相对固定的位置关系，因此可以用坐标的增加来表示它们的相对位置。设置时，先在角色区把自行车的坐标设置为（0，0），然后在舞台上拖动男孩的位置，此时，坐在车上的男孩的坐标变为（96，39）（也可能是其他坐标值，小朋友可以根据自己的实际操作判断）。根据这样的关系，如果自行车某时走到（x，y），则男孩的坐标应是（$x+96$，$y+39$），这样才能让男孩与自行车同步移动。小朋友们可能调整的位置与本书不一样，所以坐标值也不同，不过只要让男孩正好坐在自行车上即可。

这一部分的代码重点在处理男孩与自行车在 x 坐标和 y 坐标的相对位置关系上。

Step1 在【代码】/【侦测】中，把【舞台的 x 坐标】积木拖动到编程区，单击第一个圆角形积木旁的下拉按钮，将【舞台】改为【自行车】，使积木可以获取移动角色的坐标，如【自行车的 x 坐标】。

舞台 ▼ 的 x 坐标 ▼　　自行车 ▼ 的 x 坐标 ▼

Step2 在【代码】/【运算】中，将加法运算符积木【……＋……】拖到编程区。

◯ ＋ ◯

Step3 将【自行车的 x 坐标】拖动到加法运算符积木左侧的圆角形框中，待圆角形框高亮显示时释放鼠标。

自行车 ▼ 的 x 坐标 ▼

Step4 在 Step3 已经搭建好的积木的另一个圆角形框中输入 "96"。

自行车 ▼ 的 x 坐标 ▼ ＋ 96

Step5 用鼠标右键单击上个积木，在弹出的菜单中选择【复制】，把第二个积木中的 "x 坐标" 换成 "y 坐标"，把数字 96 改为 39，搭好表示男孩 y 坐标的积木。

自行车 ▼ 的 y 坐标 ▼ ＋ 39

Step6 在【代码】/【运行】中，把【移到 x：…… y：……】积木拖到编程区，把组装好的（x+96，y+39）坐标表达式积木分别拖动到【移到 x：…… y：……】的两个圆角形框中。

移到 x： 自行车 ▼ 的 x 坐标 ▼ ＋ 96 y： 自行车 ▼ 的 y 坐标 ▼ ＋ 39

Step7 最后，再加上【重复执行】积木，合成男孩的动画代码。图中右侧的代码是为了让男孩在一开始绘画自行车的过程中先隐藏起来，不要出现。

至此，动画主体部分就完成了，单击绿旗 🏳 播放，可见除了自行车和男孩共同等待 1
秒的内容未完成外，其他部分都配合好了。

🚲 配角出场：文字条

文字条的编程步骤

前面程序中提到男孩要等待 1 秒，其实是为了在这 1 秒内显示一个
文字指示，然后再显示男孩骑车的动画。做动画时，添加文字可以增加
动画的故事性、引导性，接下来就一起看看，文字该如何加入背景中。

我们的目标是新建一个文字角色，实现在背景上添加文字指示的效果。

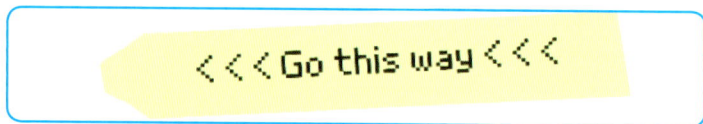

在本书配套提供的 sb3 资源文件中，小朋友也可以看到这个文字条角色，只要选中此
角色，单击【显示】后面的按钮 ◉ ，即可将其显示在舞台上，小朋友可以参考资源文件中

的程序学习。

Step1 用绘制功能创建一个新角色，进入它的造型界面，单击文本框工具 T ，将填充颜色设置为黑色，字体选择 Pixel，在画布上单击一下鼠标，在文本框中输入 "<<<Go this way<<<"，并对文本框进行放大和旋转。

Step2 单击矩形工具 □ ，画出一个长方形，调整角度并盖住文本。

Step3 单击【往后放】按钮 ，将矩形放到文字底层。

Step4 单击橡皮擦工具 ，设置其大小为 40，用鼠标指针在黄色长方形左侧来回拖动，擦出一个多边形。

<<<Go this way <<<

Step5 文字条做好后，再为它增加亮闪闪的灯光效果，也就是让【显示】和【隐藏】不断交替。对其进行编程，该程序中文字条每闪烁 3 次约需要 1 秒，运行一下，效果很好。

当 ▶ 被点击
隐藏

当接收到 消息1 ▼
重复执行 3 次
显示
等待 0.2 秒
隐藏
等待 0.1 秒

至此，3 个角色动画的程序就完成了，小朋友们可以单击 ▶ 试试效果。

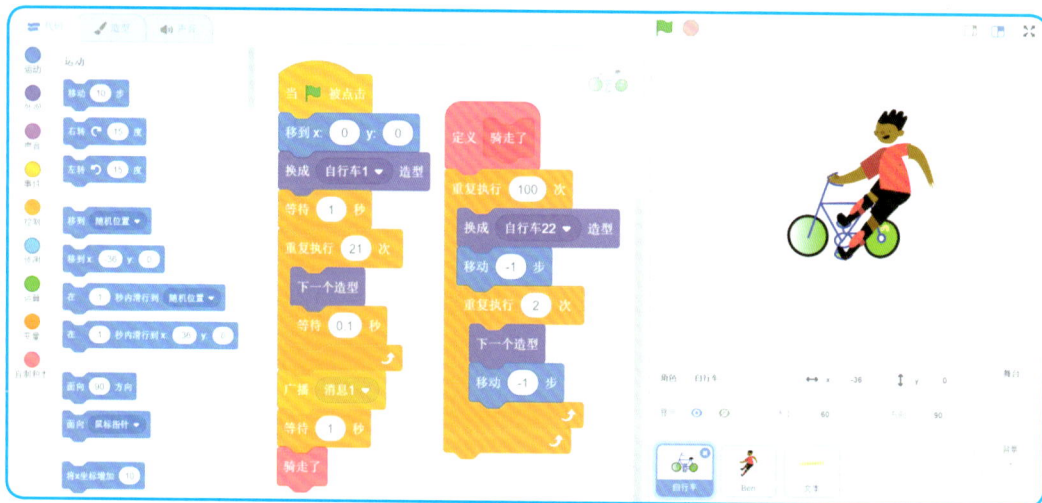

第 6 章

创意图案：画笔扩展

画笔功能与绘图功能有所不同。简单的画笔功能就是将一个角色走出的路径用不同颜色、亮度、粗细的线条描绘下来，复杂的画笔功能既可以与克隆配合，模拟漫天的雨点或雪花，也可以与图章配合，绘出美丽的图案。

本章主要讲解画笔扩展功能的一些应用实例。小朋友需要掌握擦除、落笔、起笔以及调节线条颜色、亮度、粗细等基本功能与技巧。这一章的图案从算法设计角度来讲是有难度的，所以不要求小朋友能理解，只要知道三角函数的积木如何与其他积木搭配在一起使用，并能够随意使用三角函数画出无穷无尽变幻的线条，就可以了。如果小朋友有能力从中找到一些漂亮的表现形式，就更棒了！

　　本章我们来创作一些图案，它们都是从一个初始位置以某个初始角度出发，进入一个又一个循环。尝试不同的移动距离和不同的出发、变换角度，就可以得到不同的图案。创意图案的编程思想并不是指编程者预先能设想好最终要做出什么样的图案，而是一边编程尝试，一边随机碰出一些可描述的图案，然后再在某些喜欢的图案出现时找找规律，小小地改变一下变量数值，让图案变得更美观。

先睹为快

　　动画过程如下。

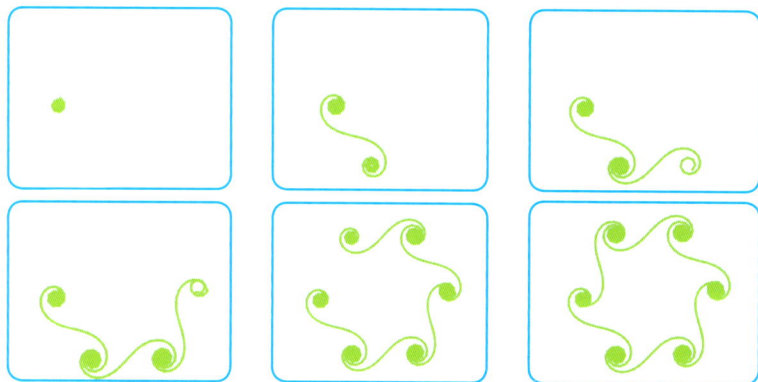

本章会用到下面这些积木。

积　　木	功　　能	提　　示
全部擦除	擦除画笔画出的路径	在程序运行前需要有清空画布的意识
落笔	放下笔尖，落到"纸面"，开始画图	画笔是跟随角色运动而运动的，落笔后才能绘出角色的路径
将笔的 颜色 设为 50	设置画笔的颜色	设置画笔的颜色为指定值
将笔的粗细设为 1	设置画笔的粗细	设置画笔的粗细为指定值
抬笔	停止画笔的绘画，将笔抬起，不再绘图	与【落笔】成对出现
将 角度 设为 0	为变量赋初值	使用变量时通常都要对其进行初始化，即对其赋初值
将 角度 增加 3	改变变量的值	使变量的值按照一定的规律改变
移动 sin 角度 * 移动距离 步	利用三角函数表示移动的步数，也即距离	这一章中，我们使用角度的正弦值与移动距离的乘积来描绘与角度相关的各类图形
绘图	这是本章的一块自制积木	我们经常使用自制积木来进行模块化编程，这样可以使程序结构化更好、更易读，使用频率高的自制积木可以显著地减少代码量和维护成本

🖌 画笔的准备工作：初始化

Step1 我们选取系统预置的背景图片【Light】作为舞台背景。使用默认的小猫角色"拿着"画笔，为了看清画笔轨迹，我

画笔的准备工作

们暂时让小猫隐藏。单击角色区【显示】后面的按钮 ⌀ ，隐藏小猫。

Step2 选中角色区中的小猫，单击【代码】，查看是否有【画笔】扩展功能入口，如果没有，则用与上一章类似的方式，在【添加扩展】中找到【画笔】类别，将其添加到【代码】模块中。

💡 学习素描的小朋友通常会有 4H、2H、HB、2B、4B、6B 等等不同硬度和颜色的铅笔；

学习水粉的小朋友则会有柠檬黄、翠绿、玫瑰红、蓝灰等等几十种色号的颜料和各种不同粗细、款式的画笔。

同样，Scratch 的画笔功能也提供了各种不同颜色、款式的笔迹供我们选择。

Step3 选中小猫角色对其进行编程。设置画笔的初始方向为面向 90 度（即向右侧走笔），设置最初的落笔位置坐标为（–60，0），擦除上次运行时画出的图形并使舞台区保持空白（有时程序停止运行时所绘制的图形会一直显示，所以每一次运行时需要先清空舞台），设置画笔的颜色为 35(绿色)，设置画笔的粗细为 2 个像素，最后落笔，准备开始描绘图案。

💡 经过上面的设置，隐藏着的小猫走出来的路径图案就可以显示出来了。接着，我们设计绘制图案的算法，也就是设计小猫走出来的路径。首先定义两个变量：角度和移动距离。

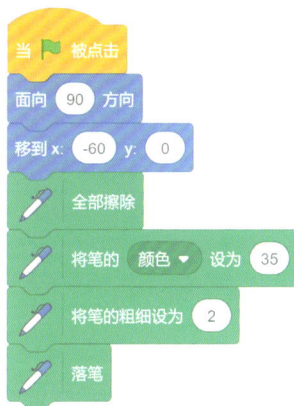

🎯 **温馨提示**

什么是变量？变量的意思就是可以变化的量。

程序中有一些数值需要在执行过程中不断变化，特别是有些时候需要根据本次的值计算下一次的值，我们要把这个变化的数保存起来以便下次使用，所以就定义一个变量来指代这个变化的数。

Step4 在【代码】/【变量】中，单击【建立一个变量】，输入新变量名为"角度"，选择"仅适用于当前角色"，单击【确定】按钮。

💡 变量包括两种类型：公有变量和私有变量。公有变量，顾名思义是适用于所有角色的变量；私有变量是只在定义的角色里使用的变量。由于本节我们只用了一个角色，所以选择这两个选项均可。

Step5 在【代码】/【变量】中拖动【将角度设为 0】到编程区，放在【当 🚩 被点击】下面的任意位置，把 0 改为 40。

将　角度 ▼ 设为 `40`

Step6 用同样的方法设置名为【移动距离】的变量，把【将移动距离设为 0】拖动到编程区，把 0 改为 6，插入【将角度设为 40】的下面，与其接起来。

当 🚩 被点击
面向 `90` 方向
移到 x: `-60` y: `0`
将　角度 ▼ 设为 `40`
将　移动距离 ▼ 设为 `6`
全部擦除
将笔的 颜色 ▼ 设为 `35`
将笔的粗细设为 `2`
落笔

现在，画笔的初始化和变量的设置就做好了，接下来开始设计小猫路径的算法，也就是画笔的运动轨迹。

🖌 装饰类图案：算法设计

首先请小朋友们按照下图来搭积木，本章开篇提到过，本章的算法程序带有一定的随机性，需要在调试和修改中完善，这里提供一个成型的画笔轨迹，小朋友们先体验一下调试和修改的过程。小朋友们在自己练习时可以任意组合、修改运动积木和运动方式，看看在设定为哪些值时能形成美丽、规整的图案呢？

装饰类图案设计

Step1 组合积木实现如下功能：1. 每次循环"角度"变量增加 3 度；2. 笔尖右转"角度"变量代表的角度后开始绘画；3. 画出"移动距离"变量代表的距离时就停笔；4. 进入下一次循环，共重复 360 次左右。

　　小朋友们组合好后的积木应该如下图所示。用鼠标单击【重复执行 357 次】这个积木，开始运行程序，中途如果想中止运行，可以再次单击该积木。运行停止时图案合围成半个圆形。接下来我们开始调试，让它形成一个完整的闭合图形。

Step2　当循环为 357 次时，画笔绘制出了半个图形，因此我们将循环次数加倍，变成 357×2=714 次，再次运行可以发现画笔基本上可以画出一圈，但最后一笔与第一笔之间存在一个缺口，就是图中圈出来的位置，图形没有完全闭合。如果后面一半图形能旋转一定角度，或许可以闭合到一起。

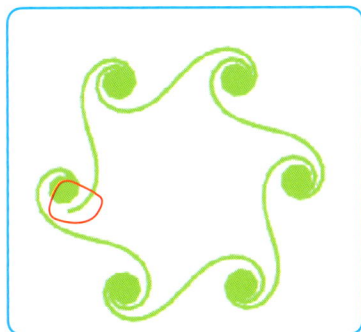

Step3　我们尝试把 714 次循环拆成两个循环，在两个循环中间添加两个积木，把旋转的角度补一下，也即图中框内积木。再次单击重复执行积木运行，此时绘制出的图案就完美了。

Step4 在【落笔】之后，一般会有【抬笔】与之对应，表示绘制结束。最终全部的代码如下。这里使用了自制积木把【绘图】部分的循环体独立出来。在原程序中，使用【绘图】积木代替这部分积木。

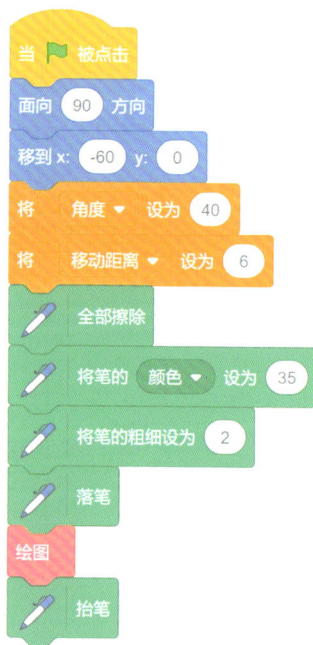

思路点拨

在上面的例子中，小朋友们不需要理解【绘图】这个自制积木内部具体的算法设计原理，很多数值是尝试出来的，并没有具体的计算过程。小朋友们可以任意更改数值以产生不同的效果，感受计算机绘图的美丽之处。

小朋友们自己设计这类程序时，可以模仿和借鉴以下几点。

1．用变量表示角度。

2．用变量表示移动距离。

3．给变量设定初始值。

4．设计一个很多次的循环。

5．在每一次循环时：

● 让角度变量变化一点（文本框中的正数表示角度增加，负数表示角度减少，每 360 度为一个循环）；

● 让画笔转动以上角度；

● 让移动距离变量变化一点（文本框中的正数表示移动方向与当前行进方向一致，负数表示移动方向与当前行进方向相反，数值越大表示移动速度越快，数值越小表示移动速度越慢）；

● 让画笔移动以上距离。

6．不断修改数值，运行程序，看效果，找规律；再修改数值，再运行程序，再看效果……直至满意。

🎯 **温馨提示**

小朋友们也许觉得【移动距离】这个变量没有什么用处，它自始至终是一个不变的常数。但实际上，用变量名代替数字是日常编程的好习惯之一，这种方式有两点好处。

1．增加程序的可读性。

什么是可读性呢？就是让别人能看得懂。

　　举个例子，在程序中，我们写上变量名是"年龄"，并且在程序最开始让"年龄=8"，在读程序时，遇到"年龄"这个变量时，读程序的人就知道它代表一个人的年龄是8岁。但如果你没有设置这个变量，当别人在你的程序中遇到数字"8"时，就难免要猜一猜这个数字是什么意思。如果程序不只有一个数字，可想而知就要费更大的力气去猜了。再比如说，小朋友 A 写的代码拿给小朋友 B 去做修改，如果代码中的数字很多，小朋友 B 就会很头疼。变量就能很好地帮我们解决这个问题。

　　2. 定义变量可以让修改数值更便利。

　　定义变量后，若要改变变量的值，我们只需要修改在定义变量时的取值即可。比如，在程序调试中需要不断地试验不同的初始值产生的效果，如果定义了变量，那么像"年龄=8"这类的赋值语句一般会出现在程序最开始的那一部分，直接找到该定义后修改赋值即可，如把 8 改为 10。但如果没有定义变量，就得翻阅程序代码，找到具体数值（如 8）所在的语句一条条地去修改，不仅麻烦而且容易遗漏。

织品的艺术：正弦函数

　　在前面程序的基础上，我们稍作修改就可以得到不同的效果。比如下面的这个图案，就与上面花纹类的图案很不同，甚至有点编织艺术品的感觉。

　　在这个示例中，我们主要对画笔移动时的步数做了一下变换，使用【移动距离】变量与某个角度的正弦函数的乘积作为移动距离。下面介绍这个组合积木的搭建过程。如果小朋友已经可以自己搭建这个积木，请直接跳到 Step5。

织品的艺术

Step1 从【代码】/【运算】中拖出【绝对值】积木，在下拉列表中选择正弦函数 sin。

Step2 从【代码】/【变量】中拖出【角度】积木，与 sin 组合形成【sin 角度】积木。

Step3 从【代码】/【运算】中拖出【……*……】积木，把【sin 角度】拖动至 * 左侧，从【代码】/【变量】中拖出【移动距离】积木，放到 * 右侧。

Step4 从【代码】/【移动】中，拖出【移动……步】积木，把乘法组合积木拖到其内即可。

Step5 定义【绘图】积木，并配合修改初始位置为（-15，30），将移动距离设为 120，重复执行次数设为 180 次，每次增加角度设为 45 度。

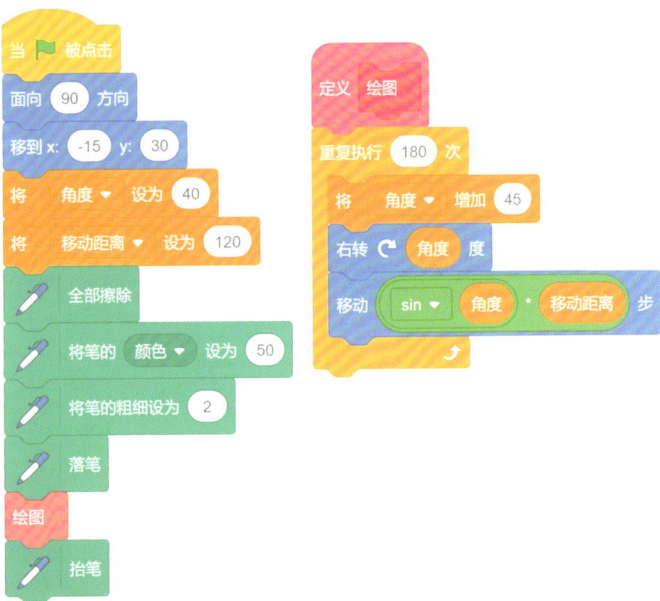

Step6 将背景中间的圆形填充为紫色。单击舞台，选中背景图片，单击左上角的【背景】模块，进入画布。在工具中单击填充工具🪣，单击填充色块，在弹出的面板中单击第一个按钮🟦，拉动下方的滑块，将颜色、饱和度、亮度分别设置为 72、60、100，即如图所示的紫色，单击画布图案中间部分进行填充。

Step7 单击 🚩 运行，即可得到示例效果。

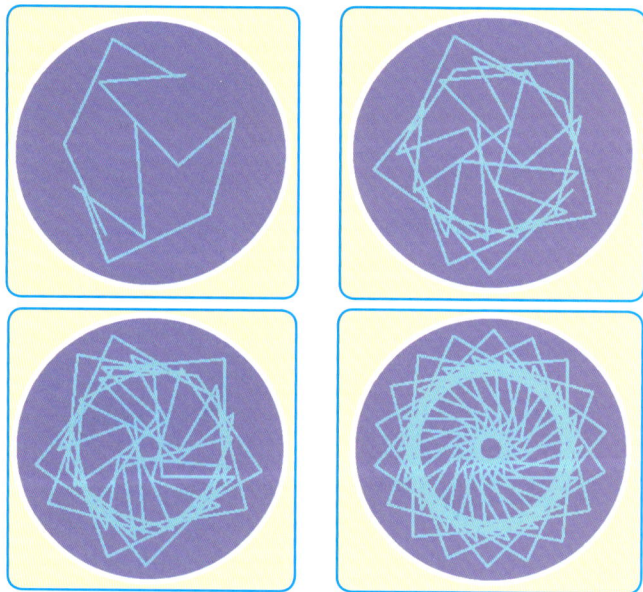

第四部分

综合实践：太空夺宝

宇宙辽阔，广袤无垠，天体在这浩渺的宇宙中孤独地运转。小朋友们，你们是否幻想过，宇宙中充满着神奇的外星文明，或是存在着神秘的宝藏？下面就跟随本书一起，制作一个与太空相关的动画游戏，去神奇的宇宙中探索吧！

故事板

　　故事板（Storyboard）是为把剧情讲述出来而画的一系列带有关键情节的视觉草图，在每一幅图中，一般都包括角色和它所在的世界。角色动作和表情的表现力要好，要能连接动画与人的真实感受，好的故事板往往一图胜千言。

　　这些视觉草图如果由专业的分镜师来设计，会直接作为动画电影的关键帧使用，当然关键帧有很多很多，需要很多原画，故事板上能看到的只是一部分而已。关键帧之间的过渡帧是动画师通过软件生成的，这个过程需要运动建模，也需要完善各种细节，这样我们看到的动画才是连续、平滑并且有美感的。

　　故事板的作用告诉我们，在开始制作动画之前，要先构思一下要表达的内容与场景。让我们在纸上通过 5 个镜头的视觉草图画出我们要讲的故事，做出故事板吧！

第 1 幕

第 2 幕

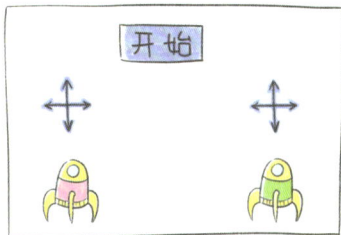

第 3 幕

第 4 幕

第 5 幕

剧情设计

在这个项目中，我们会分动画和游戏两部分设计剧情，前一部分包含第 1 幕、第 2 幕，主要讲动画剧情设计方法，后一部分包含第 3 幕～第 5 幕，主要讲游戏剧情设计方法，总体剧情如下。

第 1 幕：火箭推出在预定机位，准备，发射！

第 2 幕：火箭在星空遨游，渐行渐远，星空的场景逐渐拉近、旋转。

第 3 幕：火箭遇到宝石雨，接收宝石得分，两只火箭分别计分。

第 4 幕：怪物突然出现，混在宝石中，如果火箭碰到怪物，得分立减 10 分。

第 5 幕：游戏时间到，游戏结束，公布赢家。

> **温馨提示**
>
> 为了方便小朋友们学习，本书最后加入了"附录：主要角色代码概览"。如果小朋友对正文内容有疑问或对结构没有全局感，可以参考附录中的整体代码。

　　这一幕我们需要设计两枚火箭，让它们一开始处于待发射状态，倒计时结束后，火箭发射升空，离开夜幕下的城市。火箭待发射时，需要停留在一个静态造型上，升空后，在另外几个造型之间切换。虽然Scratch 角色库里提供的火箭类角色中只有一个角色，不过我们利用前面已学的知识可以很容易地把它变成两个甚至多个。

先睹为快

🚀 火箭预位：角色与造型

在两枚火箭的动作一致时，我们可以先制作一枚火箭角色，直到两枚火箭需要有相对运动时，再复制出第二枚火箭，这枚新火箭带有原来火箭的全部造型和代码，这样可以节省工作量。

Step1　首先，选择 Scratch 中提供的【Rocketship】火箭角色和【Night City】舞台背景图片。

Step2　这支火箭的颜色有点暗，我们可以将它填充为明亮的颜色。进入画布功能，单击【填充】工具🪣，设置填充颜色，依次单击要变色的形状内部。如果想

火箭 1 造型改造

退出连续填充的状态，只要单击选择工具 ▶，再在画布上单击即可。

💡填充颜色的步骤在画布功能里已经详细介绍过，这里就省略了。以下是相关颜色的取值和全部的造型，提供给小朋友们参考对照，小朋友们也可以根据自己的喜好来为火箭填充颜色。

🚀 飞行的火箭：运动与造型

　　观察火箭 a ~ e 的 5 个造型，发现前 4 个都在喷火，只有第 5 个造型是静止状态，因此可以用第 5 个造型表示火箭处于待命状态，此时它是静态的。在表现火箭升空的效果时，我们可以先指定一个初始造型，然后让前 4 个造型循环出现，这样就形成了动态效果。

Step1 首先显示待命的火箭。在角色区单击【Rocketship】角色图标，单击页面左上角的【代码】模块，指定火箭显示第 5 个造型【rocketship-e】，假定待命时间为 2.5 秒，然后进入倒计时、发射。火箭待命的代码如右所示。

Step2 发射后指定火箭显示第一个造型【rocketship-a】，接着使用循环代码配合【下一个造型】积木让火箭在造型 b~d 间循环，每个造型都要给定停留时间 0.1 秒。

Step3 对造型 a~d 添加永久循环【重复执行】，让火箭的发射状态一直在这 4 个造型间切换。整段程序连起来如下。

```
当 ▶ 被点击
显示
换成 rocketship-e ▼ 造型
等待 2.5 秒
重复执行
    换成 rocketship-a ▼ 造型
    等待 0.1 秒
    重复执行 3 次
        下一个造型
        等待 0.1 秒
```

💡 由于"发射造型"这个火箭动作要贯穿动画和游戏的始终，所以我们需要单独制作一块积木，把这个功能封装一下，以便随时调用这个动作。

Step4 单击【代码】/【自制积木】中的【制作新的积木】，在积木名称处输入"发射造型"，单击【完成】按钮。

Step5 此时，代码区出现了【定义发射造型】积木，把上面代码中的【重复执行】段内所有积木拖动到它的下面。具体做法就是用鼠标左键按住并拖动【重复执行】积木，把它及下面连带的积木一起拖动到【定义发射造型】积木下面，这样一个自制积木就完成了。如下图所示。

Step6 从"自制积木"的积木列表中，把【发射造型】积木拖动到编程区原来【重复执行】积木所在的位置，原 Step3 中的代码就变成了下图所示的样子，这样就完成了自制积木的使用，代码看起来简洁多了吧！

💡 火箭现在已经展现出飞行的姿态了，下面让它真正飞行起来吧。火箭向上飞行的过程是火箭的 y 坐标值逐渐增加的过程。同样地，我们再定义一个新进程，同样通过单击 🚩 触发。这次我们给定初始位置，让火箭向上运动直到冲出边界，再回到初始位置和大小。因为后面会多次用到初始位置，所以可以自制这个积木方便使用。

Step7 在角色区单击【Rocketship】角色，在【代码】/【自制积木】中，创建【初始位置】积木，此积木包含【外观】类别中的【显示】【移到最前面】，以及设置初始大小，设置初始坐标等。

```
定义　初始位置

显示

移到最　前面 ▼

将大小设为 50

将x坐标设为 -150

将y坐标设为 -130
```

Step8 设计让火箭从初始位置飞行直至在上边界消失的循环，令火箭的 y 坐标从 −130 变化到 180。

最后火箭发射后的运动代码如下。

🛸 离开城市飞入太空：广播消息

　　刚才的小动画相当于我们玩游戏时的开屏动画，接下来在火箭第二次回到初始位置之前，系统需要发送【太空遨游】消息，通知各部分准备就位，动画即将开始，同时将背景切换为太空。

Step1　从【代码】/【事件】中拖动【广播消息】积木，单击下拉菜单中的【新消息】，输入"太空遨游"4个字，单击【确定】按钮。

Step2 将【广播太空遨游】积木拖动到程序中，放在第二个【初始位置】上面。这样，在冲出边界后系统就会发送广播消息，让其他的角色、背景做好准备——动画要开始了，同时也提示玩家做好准备（此消息的接收和处理在第 2 幕中介绍）。

🍮 发射倒计时：文字

　　在第 1 幕的准备工作中有 2.5 秒的倒计时，时间到后火箭发射，为了增加效果，我们设计一段程序，在屏幕上显示"3，2，1，GO！"并出现本项目的名字【太空夺宝】。在火箭的运动和造型都完成后，再回过头来，把最开始待命 2.5 秒这个过程中的情景完善一下。

倒计时器

Step1   单击【绘制一个新角色】按钮，将新角色命名为【发射倒计时】。

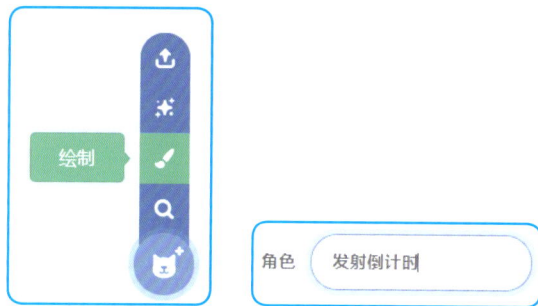

Step2   单击文字工具[T]，选择颜色为蓝色，字体为中文，在屏幕上单击一下，输入"太空夺宝"，单击选择工具[▶]，单击输入的字，拖动将其放大。

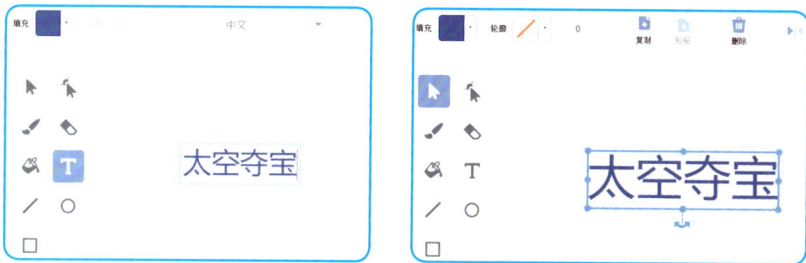

Step3   单击长方形绘制工具[□]，选择颜色为黑色进行填充，画出一个矩形，放在文字上，单击【往后放】按钮[⬇]。

Step4   在左上角的造型区中，用鼠标右键单击【造型 1】，在弹出的菜单中单击【复制】，在这个复制出来的造型中，添加数字"3"，字体为 Pixel。

Step5 用同样的方法，复制【造型 2】3 次，并把数字"3"分别改为"2""1""GO！"，并在"GO！"造型中删除"太空夺宝"4 个字。

Step6 添加代码，通过造型的切换显示形成倒计时的效果，每个造型等待 0.5 秒。

第 1 幕最终整体效果如下。

第 **2** 幕

太空遨游

火箭离开地平线之后，渐渐飞入宇宙。宇宙空旷、神秘，星云变幻莫测、瑰丽多姿。两枚火箭一边旋转，一边飞行，一会儿靠近、一会儿远离。这一幕，我们来制作两枚火箭在太空中遨游的动画，灵活地呈现火箭的飞行运动。

先睹为快

星云变幻：动态背景

星云变幻

系统中有很多背景图片，但背景图片不能被任意放大、缩小、移动或旋转。如果需要星云动起来，形成动态效果，有以下 3 种方式。

● 把放大、缩小、移动、旋转效果都放到舞台背景的造型中，令几幅造型图片循环播放。

● 利用在线编辑器的书包功能，把舞台背景图片变为角色的一个造型。基本步骤为打开书包窗口，用鼠标把舞台的背景图片缩略图拖动到书包窗口中释放，再从书包中把该图片拖动到新绘制的角色造型缩略图中释放。

● 对于离线编辑器，可以在舞台上选取系统背景图片，在【背景】中将背景图片另存到电脑上，再绘制一个新的角色，在它的造型中上传该图片，这样角色就具有了一个背景图片造型。因为角色可以任意放大、缩小、移动或旋转，所以这个静态背景图片也具有了变化能力。

这里我们介绍第 3 种方法的操作步骤。

Step1 在舞台背景中，选取系统自带的背景图片【Nebula】，在背景区选中它，进入画布功能，单击鼠标右键，在弹出的菜单中选择【图片另存为】，然后把它保存为一个格式为 JPG 的图片文件，并在【背景】中删除该造型。

Step2 在角色区选择【上传角色】，在弹出的窗口中选择该文件，将该图片上传为角色，并将其命名为【太空背景】。

Step3 将【太空背景】角色设置为不同的大小。如果希望太空背景从中间逐渐展开
扩大填满屏幕，还要要求太空背景的中心点坐标一定是（0，0），所以增加一
个位置移动积木，然后在【代码】/【外观】中拖出【将大小设为 150】放在【显
示】积木的上面。

💡 在第 1 幕中，【太空背景】角色是不显示
的。火箭飞上天后，广播了"太空遨游"消息，【太
空背景】角色收到"太空遨游"消息后才显示出
来。这就是广播消息的作用。

Step4 定义太空背景从初始大小逐渐变大的代码如图，
这里让太空背景从原图大小的 150% 增大到
190%，效果就很明显了。

💡 在这个程序中，我们又使用了自制积木【变大】，用它实现了使太空背景变大到原图大小的 190%。【大小 >190】这个关系式中的【……>……】积木是从【运算】中被拖出来的，【大小】是一个紫色的圆角形积木，这表明它是一个变量，是从【外观】中被拖出来的。如果小朋友们找不到积木的位置，可以看积木的颜色，类别可以用颜色来区分。

Step5 太空背景变大后开始旋转，这需要更加精细的设计。系统预置图片是长方形，不是圆形，旋转角度太大会"穿帮"，露出后面的城市夜景，所以图片要在变得足够大之后旋转。在旋转前要先设置面向方向，在【显示】前加入【面向 90 方向】。太空背景的程序和【旋转】自制积木的代码如图所示。

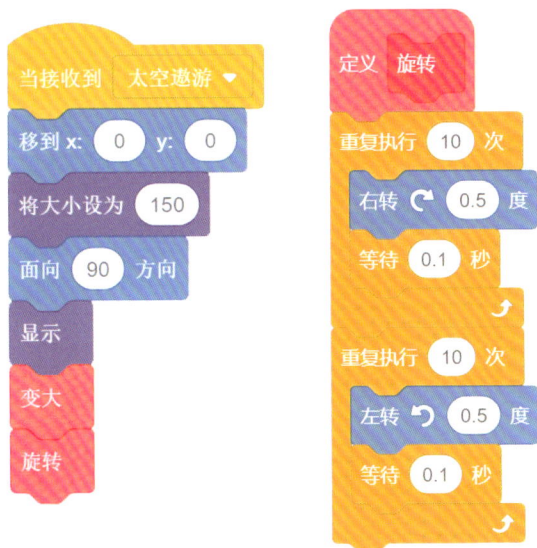

当接收到 太空遨游
移到 x: 0 y: 0
将大小设为 150
面向 90 方向
显示
变大
旋转

定义 旋转
重复执行 10 次
右转 0.5 度
等待 0.1 秒
重复执行 10 次
左转 0.5 度
等待 0.1 秒

Step6 太空背景旋转后，再慢慢变小到原图大小的 150%，就可以恰好充满整个舞台。在代码中，只要将大小的增加值设置为负值，太空背景的尺寸就可以不断变小，直到小于原图大小的 150%，本循环结束。

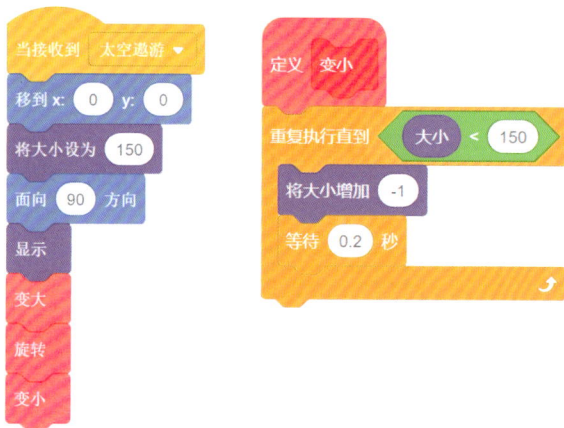

Step7 仔细调整，尝试各种速度、角度、等待时间的参数，直到满意为止。然后把太空背景的旋转变成永久循环。

Step8 【太空背景】角色的全部代码如下。这一段代码，我们用了 5 个循环语句，涉及 3 种循环方式：永久循环、计次循环和有终止条件的循环，小朋友们可以感受一下 3 种循环方式各自的使用情境。

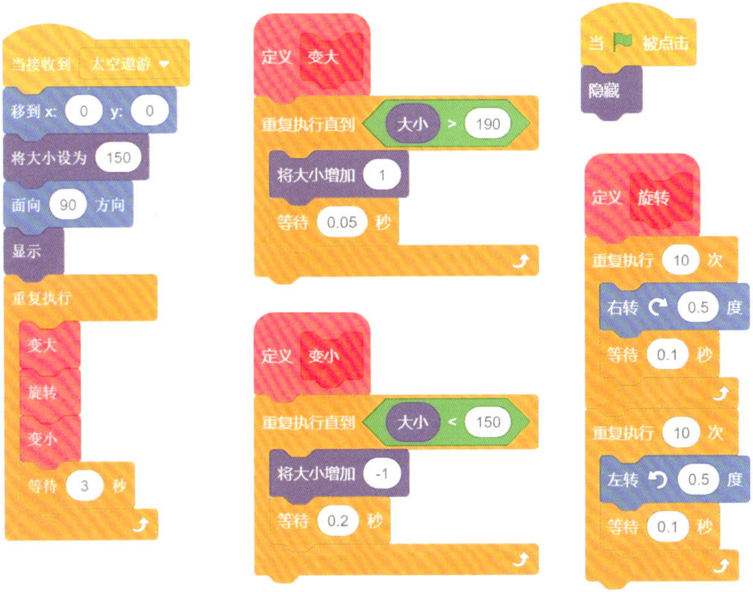

当接收到 太空遨游 ▾
移到 x: 0 y: 0
将大小设为 150
面向 90 方向
显示
重复执行
　变大
　旋转
　变小
　等待 3 秒

定义 变大
重复执行直到 大小 > 190
　将大小增加 1
　等待 0.05 秒

定义 变小
重复执行直到 大小 < 150
　将大小增加 -1
　等待 0.2 秒

当 ▶ 被点击
隐藏

定义 旋转
重复执行 10 次
　右转 0.5 度
　等待 0.1 秒
重复执行 10 次
　左转 0.5 度
　等待 0.1 秒

第 2 幕展现了火箭在太空中遨游的动态效果，示意效果如下。

渐行渐远的火箭 1: 坐标与尺寸

在第 2 幕中,观察【太空背景】这个角色,发现从左下角到右上角这一片区域适合作为火箭飞行的区域。另外,在飞行过程中,火箭越飞越远,所以应该变得越来越小,直到快要飞出边界的时候隐藏起来。部分效果图如下,下面我们详细讲解这一动画的制作过程。

渐行渐远的火箭 1

Step1 选中火箭,自制一个新积木,将其命名为【渐行渐远】。该自制积木主要实现让火箭不断向右上方移动同时缩小的效果。可以看到该定义积木中坐标 x 和 y 的增加值稍有不同,因为舞台是长方形不是正方形,所以对角线方向上,x 坐标范围稍大于 y 坐标范围。

Step2 在定义【渐行渐远】的积木后,我们把它接续到第 1 幕火箭飞行【初始位置】积木后面,并让火箭在渐行渐远之后回到初始位置,准备进入下一幕。

🚀 火箭 2 的诞生：复制

　　本节我们制作第 2 枚火箭，同时对第 1 幕进行修改，增加火箭 2 的内容。之所以最开始没有同时做两枚火箭，是因为代码处在反复修改的过程中，如果同时做两个一样的角色，代码的修改量就要翻倍，所以在一枚火箭代码稳定后，再复制出另外一枚火箭，这个新角色就可以继承原来角色的全部造型和代码。

　　由于下一步两枚火箭的代码即将出现分支，所以不能再用同一段代码了，这时需要将代码复制并且分开制作两个角色的不同动作。

复制火箭 2

Step1 首先在原火箭角色上增加文字以区分两枚火箭。具体方法是单击角色区的火箭角色，单击【造型】模块，在造型编辑界面，选中第 5 个造型，用画布功能加入白色的文字"玩家 1"和红色小三角形状。

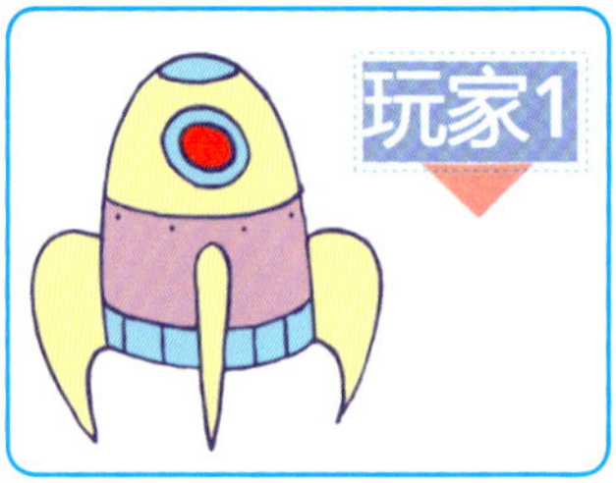

Step2 复制新角色。在角色区用鼠标右键单击原火箭角色，在弹出的菜单中选择【复制】选项，复制出一个名为【Rocketship2】的新角色，在【造型】中使用填充工具对其进行填充，使它的颜色与原火箭有所区别，并把文字"玩家 1"改为"玩家 2"，如下图所示。

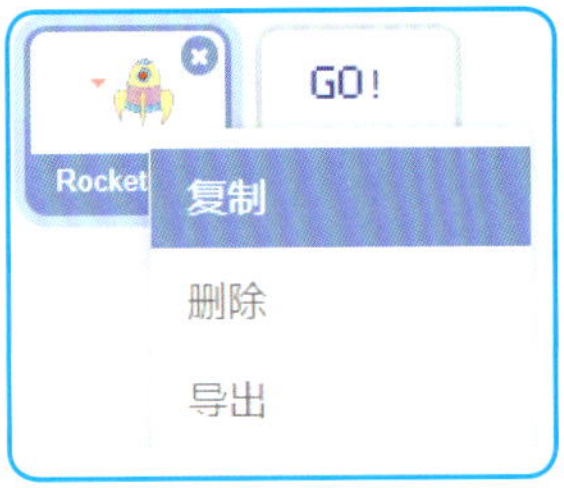

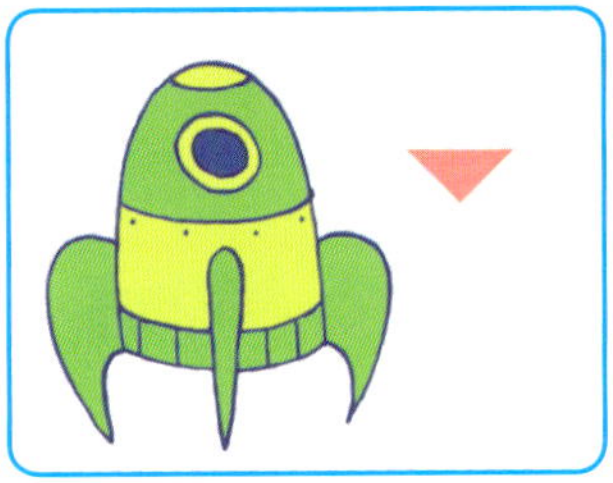

火箭的造型和填充颜色取值参考如下。

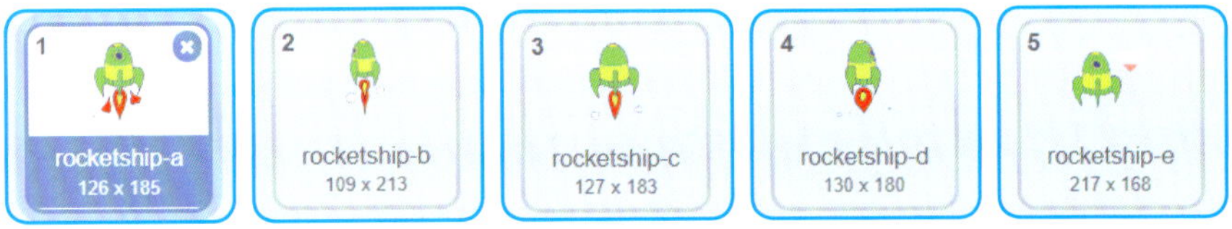

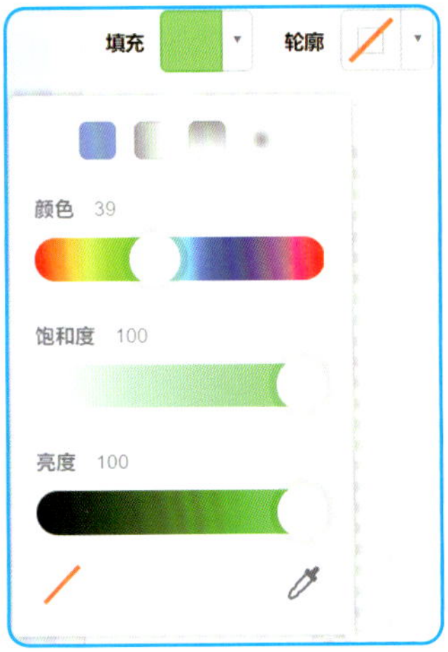

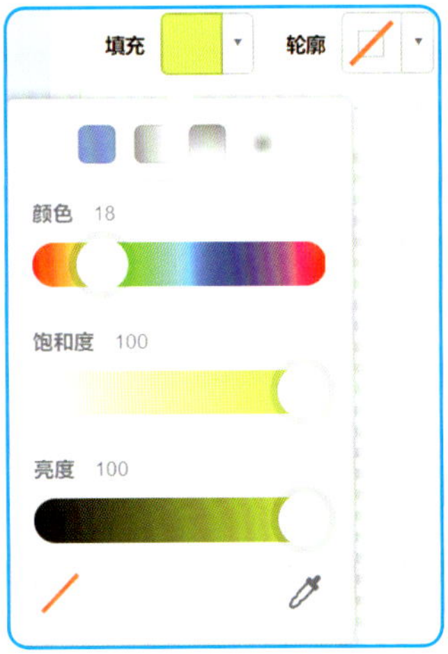

💡 自制积木类似于局部变量，只在这个角色中发挥作用，所以不同角色使用同名的局部变量是没有关系的，不会造成程序混乱。随着角色复制过来的自制积木都不用修改名称，直接可以在【Rocketship2】中使用。

对于"太空遨游"这种广播消息，在同一情景下，只应由一枚火箭发送。所以需要在【Rocketship2】角色的代码中删除广播"太空遨游"积木，同时增加接收该消息并进行处理的代码。

Step3 在角色区，单击【Rocketship2】角色，可见其代码与【Rocketship1】完全相同。但要注意把初始位置的坐标改一下，将 x 坐标设为 140，否则两个火箭就重合在一起了。

Step4 把【Rocketship2】程序最下面的【初始位置】【渐行渐远】两块积木与程序脱离，并单击程序中的【广播太空遨游】积木，按键盘上的【Del】键将它删除。

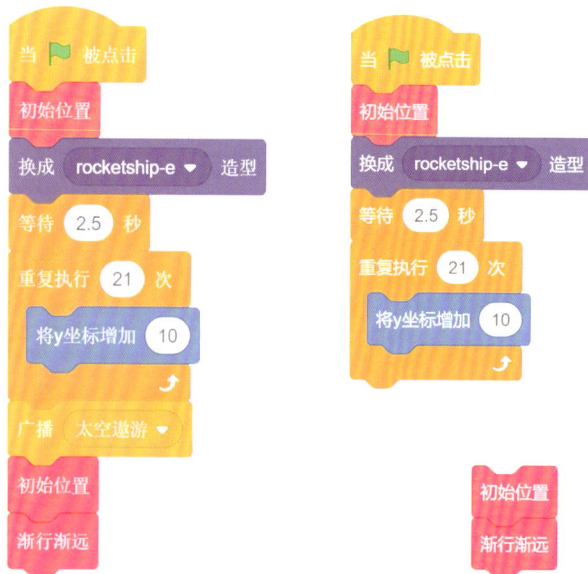

Step5 增加接收消息后的处理代码，把【初始位置】【渐行渐远】两块积木移过来，并增加【初始位置】积木，组合成如图所示的程序。

💡 最终玩家 2 的【Rocketship2】角色在本节改动后的代码整体如下。但此时"渐行渐远"的效果还不是我们想要的效果，后面还会调整。

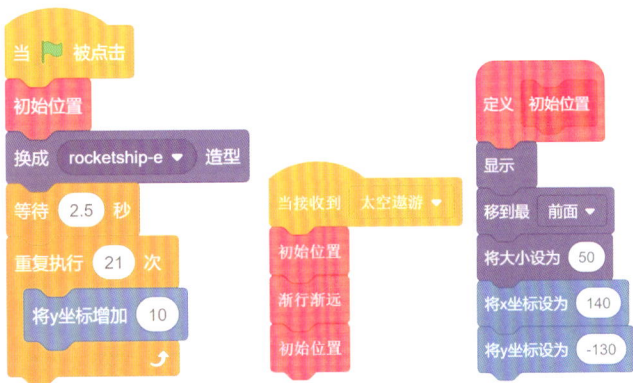

🚀 太空追逐：镜像

仔细观察原来的和复制出来的这两枚火箭，它们的朝向完全相同，运动起来就像一个人"顺拐"一样，不太美观，在静止状态时尤其明显，所以我们对火箭 1 的静态造型，即第 5 个造型进行镜像（前 4 个造型是用于发射状态的，无须处理）。

Step1 在角色区单击【Rocketship】，单击【造型】模块，进入造型编辑界面，在第 5 个造型上，使用选择工具 ▶ 选中全部元素，单击镜像功能按钮 ▶◀ ，这时，文字与小三角都镜像到火箭 2 的左侧了。小朋友可以仔细观察一下舞台上这两枚火箭的主体在方向上细微对称的感觉。

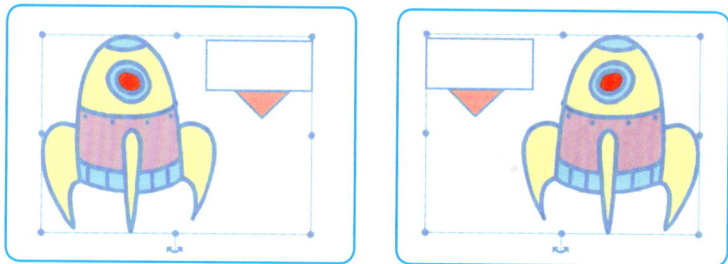

Step2 这时，舞台上的文字显示是反的。我们在火箭、文字以外的画布空白处单击鼠标，取消选中，然后单击选中文字，单击镜像功能按钮 ▸◂ ，此时文字显示正确了。

💡 这两枚火箭的朝向与文字的相对位置在第 1 幕的整体感觉如下。

实用锦囊

1. 通过镜像功能，我们可以把两个以上对象的位置关系变为镜像关系。文字如果显示反了，只要经过 2 次镜像，即可复原。

2. 填充颜色是一个配色过程，主要是通过尝试找到自己喜欢的颜色搭配。小朋友们在学习这个案例时，可能只需要花费几分钟时间，但自己从头设计一个动画时，可能要花大量时间在选角和配色上。

调整完第 1 幕后，我们来调整第 2 幕。第 2 幕动画是两只火箭进入太空遨游，玩家 2 的火箭追逐玩家 1 的火箭。

具体思路是：玩家 2 的火箭始终朝向玩家 1 的火箭运动，并且玩家 2 火箭尺寸变小的速度小于玩家 1。因为玩家 2 的火箭落在后面，所以它需要看起来更大一些，变小的速度也更慢一些。

Step3 在【Rocketship】角色的【渐行渐远】自制积木中，把大小变化速度设置为 –0.8。

定义 渐行渐远

重复执行直到 y 坐标 > 170
将x坐标增加 12
将y坐标增加 10
将大小增加 -0.8
等待 0.1 秒

隐藏

Step4 单击【Rocketship2】角色，在【代码】/【运动】中将【面向……】积木拖入编程区，单击 ▼ 弹出下拉菜单，选择"Rocketship"，并将大小变化速度设置为 –0.6，【Rocketship2】角色中的【渐行渐远】积木改造后如图。

定义 渐行渐远

重复执行直到 y 坐标 > 170
面向 Rocketship ▼
移动 10 步
将大小增加 -0.6
等待 0.1 秒

Step5 由于【Rocketship2】离舞台右上角距离更远，所以其【渐行渐远】动作要比【Rocketship】花费的时间长。【Rocketship2】到边界时，【Rocketship】已经到终点了，因此可以由【Rocketship2】到终点后再发出消息"游戏说明"

（进入第 3 幕），然后回到初始位置。广播消息的代码如图所示，其中"游戏说明"的设置将在下一幕介绍。

当接收到　太空遨游 ▼

初始位置

渐行渐远

广播　游戏说明 ▼

初始位置

Step6　【Rocketship】在【渐行渐远】动作结束后会很快回到初始位置，与落后的【Rocketship2】是不同步的，所以它需要先隐藏起来，等待【Rocketship2】从终点消失，再显示出来，然后一起回到下一幕的初始位置。所以，【Rocketship】的代码也需要与【Rocketship2】的代码配合，进行一点修改，如右图所示。

定义　渐行渐远

重复执行直到　y 坐标 > 170

将x坐标增加 12

将y坐标增加 10

将大小增加 -0.8

等待 0.1 秒

隐藏

等待　Rocketship2 ▼ 的 y 坐标 ▼ > 170

显示

第 **3** 幕

游戏说明

　　动画设计结束后，我们进入游戏设计环节。该环节要求设计者思考游戏的目标和得分策略，也就是设计游戏规则。在进入游戏之前，系统要告诉玩家游戏怎么玩，怎么得分，如何会失分，也就是把设计好的游戏规则告诉玩家。这一幕我们就来设计游戏说明。

先睹为快

本节制作第 3 幕"游戏说明"。第 2 幕结束，【开始游戏】这个角色接收到广播的"游戏说明"消息后进入上图所示的第 3 幕。其中只有"开始游戏"按钮是可以被鼠标单击的，其他角色都是用来观看的。

双人游戏如何才能更有趣呢？我们可以设置一个得分机制，让双方竞争，通过某些条件判断胜负。判断胜负的条件有很多种，比如谁最先达到某个分值谁赢，或在规定时间内谁的得分高谁赢。这里我们以限时竞赛为例。在竞赛中我们还可以设置一些障碍或福利，让玩家突然得分或扣分。

最终设计好的太空夺宝游戏规则如下。

• 在太空中，玩家 1 与玩家 2 的火箭遇到了宝石雨，两位玩家用按键控制火箭移动。每接到一颗宝石，玩家就会得 1 分。

• 怪物随机出现，它会与宝石一起掉落，碰到怪物的玩家得分立减 10 分。

• 游戏时间到后，两位玩家谁的得分高谁就胜出。

跳过动画：旁路

在前面内容中，动画的前两幕已经制作完毕，若在每次运行游戏时，都要先播放前两幕再进入第 3 幕游戏界面，就会很浪费时间。为了节省等待时间，更快地进入游戏，我们稍作调整跳过前两幕的动画，直接从第 3 幕开始制作。

旁路和按键说明

Step1 选择【太空背景】这个角色，将【隐藏】积木与【当 ▶ 被点击】脱离后，再增加右图所示积木代码，覆盖前两幕的背景。

Step2 将【Rocketship】和【Rocketship2】的【初始位置】代码也与【当 ▶ 被点击】脱离。

当 ▶ 被点击

隐藏

当 ▶ 被点击
面向 90 方向
将大小设为 150
显示

当 ▶ 被点击
初始位置
换成 rocketship-e ▼ 造型
等待 2.5 秒
重复执行 21 次
　将y坐标增加 10
广播 太空遨游 ▼
初始位置
渐行渐远
初始位置

当 ▶ 被点击

初始位置
换成 rocketship-e ▼ 造型
等待 2.5 秒
重复执行 21 次
　将y坐标增加 10

等到游戏部分的运行都没有问题了以后，再把上面脱离的部分复原，把增加的代码删除。就可以实现从第 1 幕到第 5 幕连续运行了。

按键说明：图标

Step1 绘制一个新角色，取名为"按键说明"，玩家 1 和玩家 2 的按键说明可以放在同一个造型中。先在画布中绘制好玩家 1 的按键，并分别写上 E、S、D、F 和对应文字，然后选择玩家 1 的全部对象，复制一份，并将 E、S、D、F 调整为对应的方向键图标，小朋友也可以直接写上、下、左、右。这里的按键色块使用了渐变填充中的辐射填充。

Step2 在舞台区观察按键与火箭的对齐情况，重复进行 Step1 的操作，直至调整到合适位置。

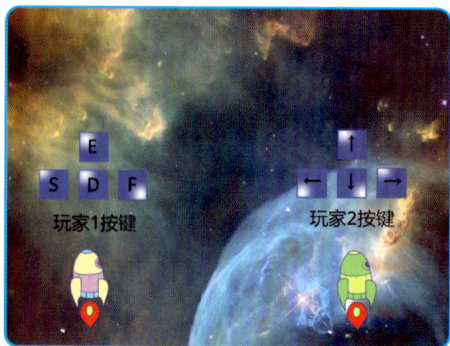

Step3 在编程区为【按键说明】角色添加代码，让它显示在最上层。其中，坐标设置为目前角色区【按键说明】的坐标值。【按键说明】只是一个键盘图示，表示通过这些按键可以实现火箭的上、下、左、右移动，并不需要用户在屏幕上用鼠标单击每个图标去操作角色运动，所以代码非常简单。

开始游戏：按钮

Step1 绘制一个名为"开始游戏"的新角色作为触发开始的按钮。单击【造型】左下角的【选择一个造型】按钮，从系统预置的角色中，选择【Button2-b】角色。

开始游戏按钮

选择一个造型

Button2-b

Step2　对按钮的颜色进行改造，在按钮上添加黑色文字，在下面添加白色文字，并对文字尺寸和格式进行调整。

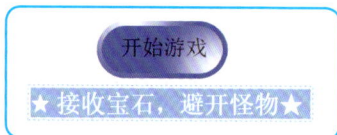

开始游戏

★接收宝石，避开怪物★

Step3　在编程区为按钮角色添加代码，让它显示在最前面。其中，按钮的坐标设置为目前角色区的坐标值。为角色添加一个触发事件，当单击该按钮后它隐藏起来，然后广播"对战开始"进入第 4 幕。

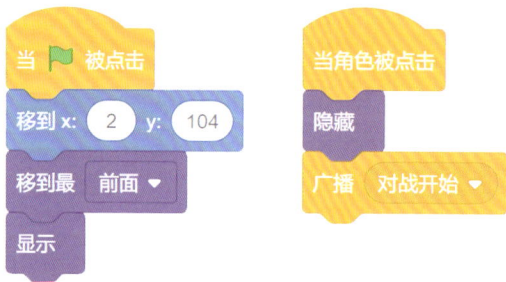

```
当 ▶ 被点击
移到 x: 2 y: 104
移到最 前面 ▾
显示
```

```
当角色被点击
隐藏
广播 对战开始 ▾
```

👦👧 故事串联：调试

我们知道第 3 幕是因为收到广播的"游戏说明"消息才进入的，所以为了跳过前两幕动画，直接来到第 3 幕，拖出一个【广播游戏说明】积木，单独放置，这个积木放在哪个角色里都可以，不需要与其他积木相连，每次启动时先单击 ▶ 再单击此积木，就可以直接进入第 3 幕。

Step1　【开始游戏】这个角色在前两幕"准备！发射！"和"太空遨游"中都不显示，

直到接收到"游戏说明"消息时才显示，当用户单击该角色时，角色隐藏并广播"对战开始"消息，然后进入第 4 幕，代码如下。

Step2 【按键说明】这个角色与【开始游戏】角色相似，只是不可单击。它的角色和代码如下。

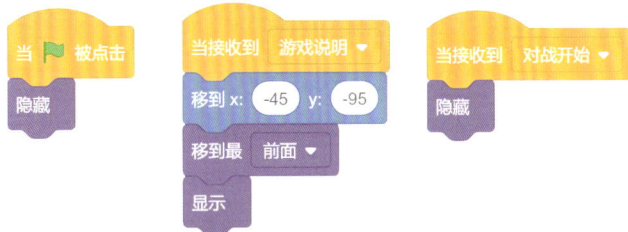

　　经过反复的测试后，第 3 幕代码已经稳定。最后别忘记移除我们在 Step1 开始前添加的、用于方便调试的、与任何积木都不相连的【广播游戏说明】积木。

实用锦囊

　　同样，在对第 4 幕进行调试时，可以这样处理：

　　拖入一个单独的【广播对战开始】积木，每次运行时先单击 ，再单击它。

　　我们之所以冒充一个广播消息，只是想在调试第 4 幕时将前 3 幕都跳过去，因为我们当前的目标是调试第 4 幕。这是一种模块化的编程思维，让每一幕独立出来，分别处理。建立这种思维是非常重要的。

这一幕是整个游戏最有趣的部分，也是游戏设计的主体。瑰丽的宝石穿梭在星云中，不断下落，每个玩家用对应的按键操纵火箭接收宝石。游戏的规则是玩家的火箭碰到宝石即可得分，同时该宝石消失。如果宝石没有被玩家接到，落到舞台底部也会自动消失。

下面就一起来一步步实现这个游戏效果吧！

先睹为快

🏅 天降宝石：克隆

小朋友们在冬天都看过漫天飞舞的雪花，洁白的雪花落下来浪漫又唯美。假如雪花不是随风飘舞而是排列得整整齐齐地掉落下来，就会变得生硬而又无趣。同样，我们也可以让宝石随机显示，像下雨一样，错落有致，颜色和形态变幻万千，生动有趣。

宝石的克隆与下落

Step1　选取一个系统预置的宝石角色【Crystal】，程序开始时，宝石隐藏，直到接收到"对战开始"的消息时，宝石在舞台最上方随机显示。这时宝石的 y 坐标值为 180，而 x 坐标值每次都是随机的，我们让 x 在 −220 至 220 随机取值。

Step2 在宝石的【造型】中可以看到它有两个造型，使用切换造型的语句，增加随机效应，使造型序号在 1 与 2 之间随机切换，这样就实现了宝石随机换成造型 1【crystal-a】或造型 2【crystal-b】的效果。

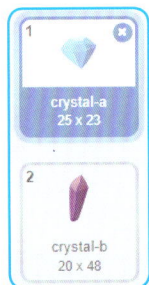

Step3 加入克隆语句【克隆自己】，并加入随机等待 0 ~ 0.6 秒的时长。

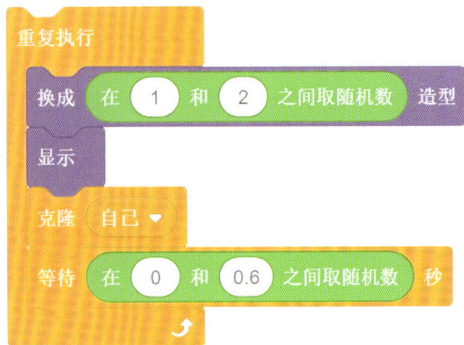

Step4 对于每一个克隆体，向下掉落的意思就是在循环体内，宝石的 y 坐标循环减少，我们这里设置每次减少 20。数值的绝对值越大，掉落的速度越快。

Step5 每个克隆体宝石下落到屏幕底部附近时消失，也就是删除克隆体。舞台底部的 y 坐标为 -180，我们只将宝石设置为 y 坐标小于 -160 即消失，以免宝石堆积在舞台底部。

Step6 当宝石作为克隆体启动时，只显示克隆体，隐藏母体，即去掉母体的【显示】积木，最后宝石总的代码如下。

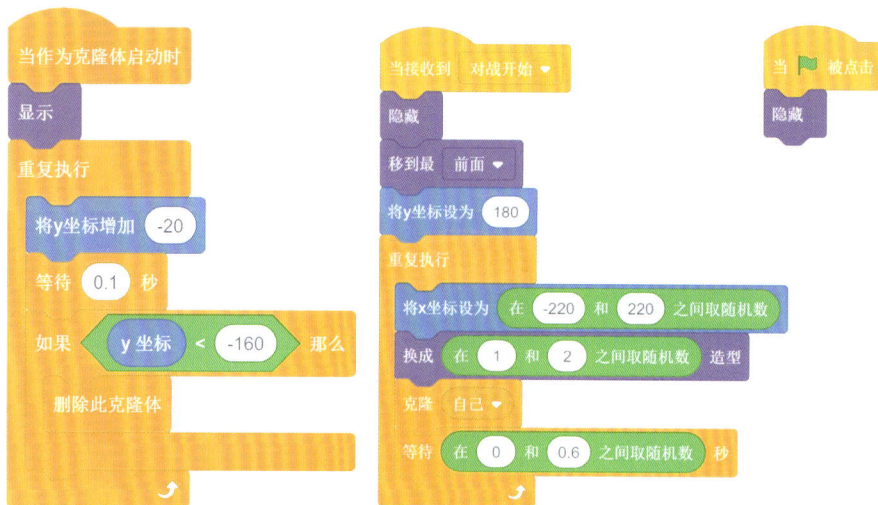

🏅 火箭的控制：方向键

两个玩家都可以通过键盘来控制火箭上、下、左、右移动，玩家 1 使用 E、D、S、F 键控制方向，玩家 2 使用↑、↓、←、→方向键控制方向。接下来，我们添加控制方向的按键的代码。

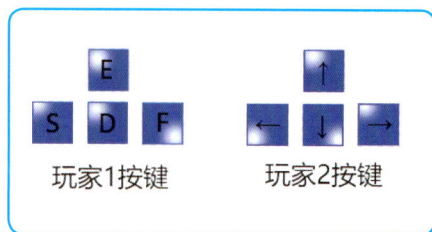

方向键的编程

玩家1按键   玩家2按键

Step1 在角色区选中【Rocketship】，在编程区添加代码。E、D、S、F 键在键盘上的位置关系刚好与方向键类似，所以 E、D、S、F 分别对应向上、向下、向左、向右，再分别将 x、y 坐标的增加、减少与之对应。

Step2 拖动【Rocketship】代码中的【当接收到对战开始】积木到角色区【Rocketship2】角色上，看到【Rocketship2】角色的图标在晃动时，释放鼠标，这段代码就都复制过来了。将代码中的 E、D、S、F 分别改为↑、↓、←、→。

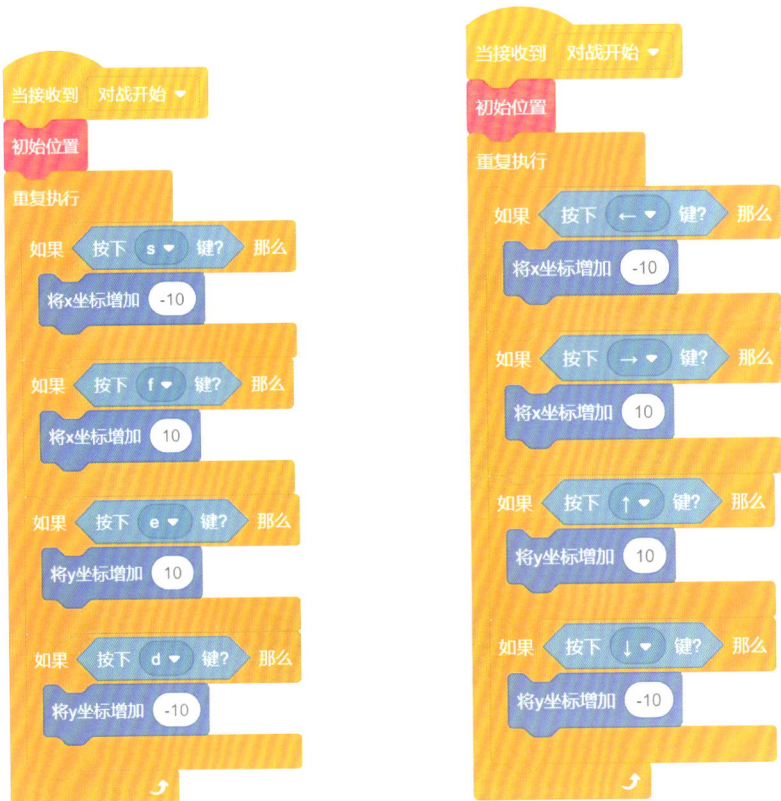

🏅 抢夺宝石得分：侦测

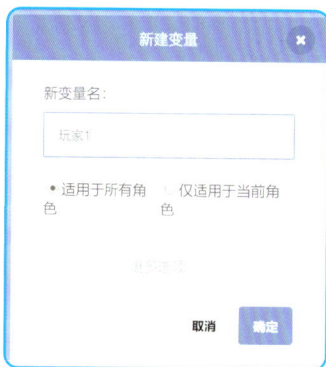

　　宝石雨出现以后，要通过按键控制火箭移动接收宝石，现在我们要设置得分变量。具体来说，就是先创建两个玩家各自的得分变量，对它们赋初值，再在循环体中加入统计各自得分的代码。

Step1　在【代码】/【变量】中，单击【建立一个变量】按钮，新建一个名为"玩家1"的变量，单击【确定】。用同样的方法，再创建一个适用于所有角色的变量，起名为"玩家2"。

新建变量

新变量名：

玩家1

• 适用于所有角色　　仅适用于当前角色

取消　　**确定**

变量

运算　　建立一个变量

变量　　玩家1

自制积木　　玩家2

Step2　对舞台背景进行编程，当单击 ▶ 开始动画后，先将2个得分变量都隐藏，并对它们进行初始化，即将初始值设为0。

舞台

背景
1

当 ▶ 被点击

换成　Night City　背景

隐藏变量　玩家1

隐藏变量　玩家2

将　玩家1　设为　0

将　玩家2　设为　0

Step3 单击宝石【Crystal】角色图标，在【代码】/【侦测】中，拖动【碰到……】积木到编程区，将它与【如果……那么……】积木组合，再加入统计得分的积木。不要忘记宝石碰到火箭后，宝石要消失，也即删除克隆体。

Step4 同样，宝石也要侦测是否碰到玩家 2 的火箭【Rocketship2】并统计得分。

Step5 为了让两个玩家机会均等，我们让两段侦测程序并行。

Step6 分别在【Rocketship】和【Rocketship2】两个角色的原有代码中加入显示得分的变量和赋值语句。

💡在 Step2 的舞台背景程序中，变量最初是隐藏的，并初始化为 0，在每次火箭角色接收到"对战开始"消息时，计分变量才显示出来，此时有必要将它们再次初始化为 0，这样方便调试。

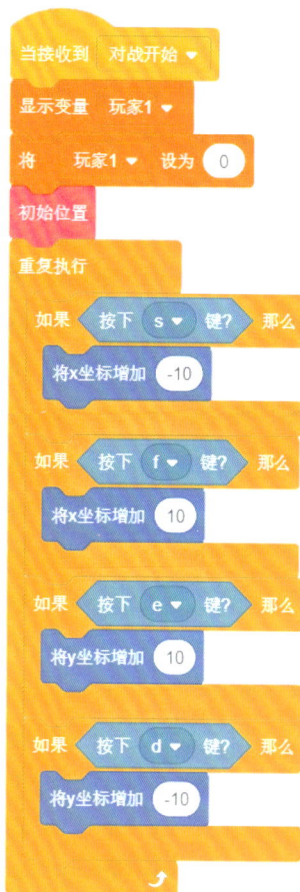

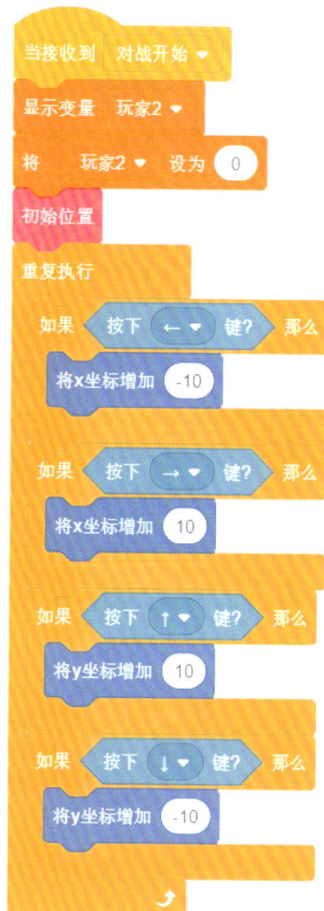

　　1. 谁来侦测?

　　小朋友们可能会觉得应该在玩家的火箭代码中侦测宝石,碰到了宝石就得分,而实际程序实现时,却是在宝石克隆体的代码中侦测宝石是否碰到了玩家的火箭。这主要是因为宝石是克隆出来的,每个被碰到的宝石都不是角色"真身",系统无法分辨被碰到的宝石替身"姓甚名谁",也就无法发送消息让那个被碰到的宝石替身消失,所以这个方法不可行。

　　2. Step5 中使用并行策略,为什么?

　　如果放到同一个循环中,由于程序是自上而下顺序执行的,要么先判断宝石是否碰到玩家 1 的火箭,则对玩家 1 有利;要么先判断宝石是否碰到玩家 2 的火箭,则对玩家 2 有利,无法实现一个公平的判断。使用并行策略时,系统会随机先执行这个进程或那个进程,从概率上来讲相对更公平一些。

绚丽的宝石:特效

　　在主要功能完成之后,我们来完善细节。为了让宝石更美丽一些,可以在【代码】/【外观】中,使用特效积木,让宝石的颜色和亮度有变化。

　　颜色特效数值的变化是每 200 循环一次,数值与效果的对应关系如图所示。

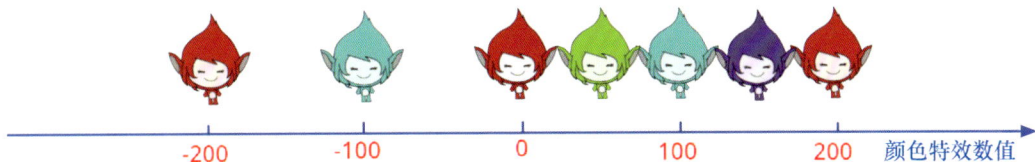

　　亮度特效数值的变化只在 −100 到 100,超过 −100 或 100 后,效果不再循环变化。

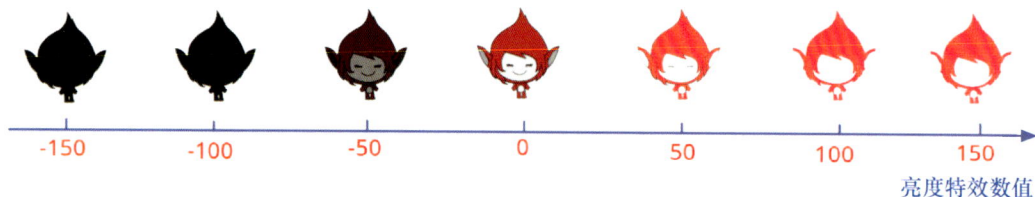

亮度特效数值

Step1 了解这些特点以后，我们在宝石角色中使用设置颜色和亮度特效的积木，特效数值通过随机数的方式指定。

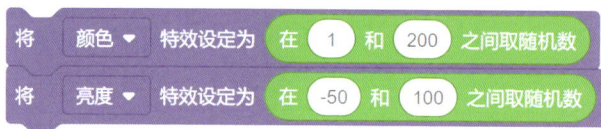

Step2 将上述积木放到宝石克隆之前的程序中，宝石的颜色就变得丰富多彩了。

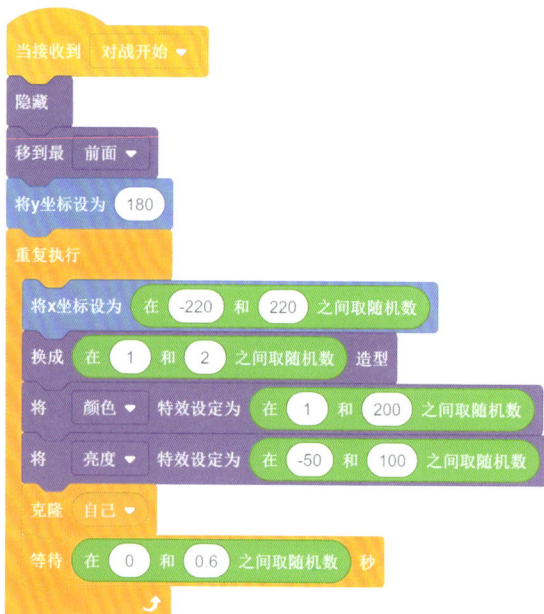

🏅 怪物出现：随机数

怪物出现

　　偶尔出现的怪物可以增加游戏的不确定性，为得分制造阻碍，增加游戏环节的乐趣。就像一个剧本中不是所有角色都是正面角色，还要有一些反面角色，才能推动情节的发展。

　　根据情节需要，我们先制作几个自制积木。

Step1　新增一个角色，从系统的预置角色中选取【Ghost】角色表示怪物，它有 4 个造型。

Step2　将自制积木命名为"怪物出现"，让怪物每次出现的造型在序号 1~4 所对应的造型之间随机出现，每次出现的时间、位置随机，频率为每 3~5 秒出现一次。

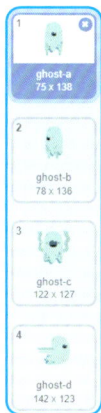

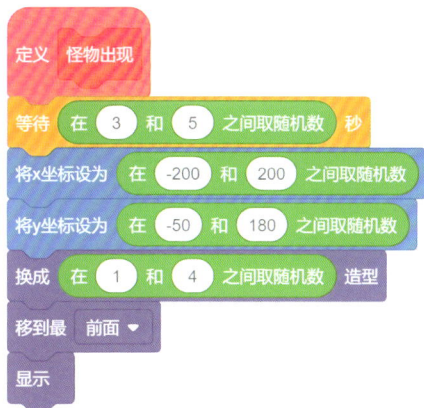

Step3　再自制一个判断是否碰到玩家火箭的积木。使用侦测积木，如果怪物碰到玩家 1 的火箭【Rocketship】，则变量【玩家 1】会减少 10，也就是扣 10 分，并说一句话告诉玩家，然后怪物消失。

Step4 为了让分值不至于被扣成负值，需要修正一下计分效果，让得分小于 0 的时候玩家的分数保持为 0。

Step5 把二者组合起来，【碰到玩家 1】自制积木就完成了。复制代码并修改，可以制作出【碰到玩家 2】自制积木。

Step6 把这几个自制积木放到循环体中。程序开始时，怪物隐藏，直到接收到"对战开始"消息时，怪物会每 3~5 秒出现一次，位置随机。出现后，怪物向下运动，每次走 10 步。运动时，判断是否碰到玩家 1 和玩家 2 的火箭，如果碰到了相应玩家的火箭就扣除相应玩家10 分，同时怪物消失；如果没有碰到，怪物继续向下走，直到接近舞台底部（y 坐标小于 −130），怪物消失。

第 **5** 幕
游戏结束与项目合成

　　这一幕讲解如何使用限时法控制游戏结束，为此我们增加了计时器功能计算结束时间，并在结束时给出获胜方提示。在项目主体功能和逻辑都完成以后，可以进行后期处理，比如添加音效等。有时候，我们可能把最新版本的角色分布在不同的工程文件中，最后要如何合成一个完整的游戏呢？这一幕我们就主要解决这几个问题：游戏的结束、配音、项目合成。

　　在第 5 幕完成之后，需要把原来旁路的代码都还原，把增加的旁路代码都删除，然后就可以尽情地享受游戏了。

先睹为快

🏅 获胜信息：判断

获胜总会令人兴奋，我们也要热烈地恭喜他！我们可以制作一个红色的醒目文字，提示玩家获胜。

在制作之前小朋友首先要考虑几个问题：要祝贺谁？为什么祝贺？何时祝贺？

很显然，3 个问题的答案分别是：谁赢了就祝贺谁、因为他的得分高、在游戏结束的时候。

再具体一点将它们表示成逻辑关系就是：

1. 如果玩家 1 的得分 > 玩家 2 的得分，就祝贺玩家 1，否则就祝贺玩家 2；

2. 如果玩家 1 的得分 = 玩家 2 的得分，就同时祝贺两位玩家；

3. 计时器为 0 时，游戏结束，发出祝贺消息。

下面，我们先制作一个【获胜信息】的角色，再为它添加代码。

游戏结束与
项目合成

Step1 绘制一个新角色，起名为【获胜信息】，它包括 3 个造型。其中第 3 个造型若使用双排文字排版困难，可以将双排文字拆成两个文本框。

玩家1 胜出！

玩家2 胜出！

平局！
千载难逢啊！

Step2 在角色【获胜信息】中，新建一个"计时器"变量，它是一个倒计时器。假定游戏时间为 20 秒，则设置计时器变量初始值为 20。角色接收到"对战开始"消息后即开始计时，共循环 20 次，每次数值减 1，也即每次减少 1 秒。到计时器为 0 时，广播"游戏结束"。

💡在玩家真正玩的时候，可以将计时器设置为 120 秒，这样每次对战可以玩 2 分钟。

✿ 扩展训练

　　在【代码】/【侦测】中有个系统自带的计时器，不过看起来太过精确，小数位太多，而且一旦调用，不能删除，很占用系统资源。有兴趣的小朋友可以尝试一下用它来代替上图的两段代码，在每次使用之前要记得将计时器归零。

　　利用系统自带计时器变量的相关代码如下，它的特点是简单、有效，但体验不好，会造成内存浪费。

Step3　在角色【获胜信息】中，需要判断游戏结束时谁获胜，主要是通过比较两个变量【玩家 1】与【玩家 2】的值来判断。我们可以使用分支语句嵌套结构来设计这段代码，主要是为了展现代码的多样性，小朋友们也可以用简单的 3 个【如果……那么……】的顺序结构来实现。

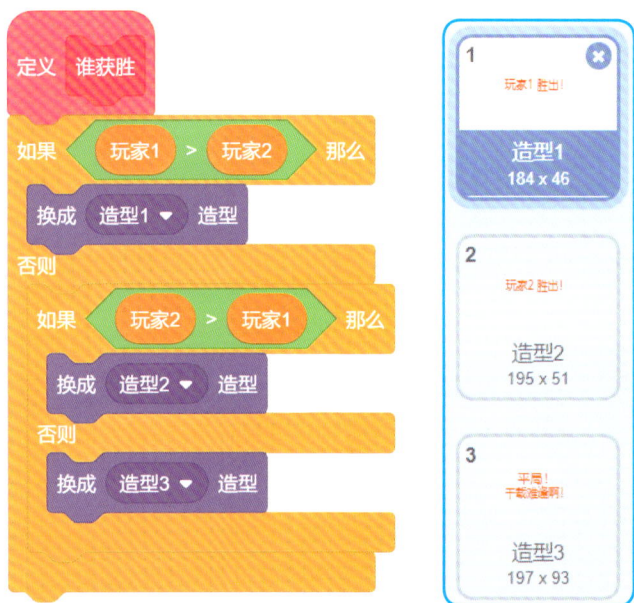

🏅 游戏结束：停止

游戏结束停止的程序可以直接通过对【获胜信息】编程实现。当游戏结束时，舞台上首先显示谁获胜，然后停止全部脚本。这样做可能会出现以下几个问题。

1. 经常出现游戏停止时，太空背景处在旋转状态，是歪的，而且放大的太空效果不是很好看。

2. 获胜信息有时被怪物挡住。

3. 考虑到后面为程序进行配音时，庆祝音乐要播放一段时间才能发出消息停止全部脚本，播放音乐的这段时间，游戏理应结束。但实际情况是，因为停止消息还未发出，所以宝石还在向下掉，玩家 1 和玩家 2 的火箭还在接收宝石，得分也还在统计。

所以停止游戏的设计不能统一处理，需要对各个角色分别作"接收游戏结束"消息处理。

太空背景	Rocketship	Rocketship2	发射倒计时	按键说明
开始按钮	Crystal	Ghost	获胜信息	

Step1 角色【获胜信息】中的游戏结束代码如下。

```
当接收到 游戏结束 ▼
谁获胜
显示
移到最 前面 ▼
停止 该角色的其他脚本 ▼
```

Step2 角色【太空背景】中的游戏结束代码如下。最后需要将太空背景设置为不旋转以及大小为原图的 150％，即充满舞台，并停止太空遨游的动画效果。

```
当接收到 游戏结束 ▼
面向 90 方向
将大小设为 150
停止 该角色的其他脚本 ▼
```

Step3 角色怪物【Ghost】、宝石【Crystal】、火箭【Rocketship】和【Rocketship2】的游戏结束代码都相同，如右图所示。

当接收到 游戏结束 ▼
停止 该角色的其他脚本 ▼

　　游戏功能制作完毕后，小朋友们要多多试玩，找出问题，逐个完善。

🏅 背景音乐：配音

　　到游戏停止功能完成后，太空夺宝游戏的主体就制作完成了，代码也已经稳定下来了。但我们的游戏是不是太安静了，像默片一样？是时候加入声音了。

　　小朋友们可以对背景、角色、特定的事件（接收到宝石、遇到怪物、游戏结束、转场等）进行配音。这里的配音不单是指对角色的语言进行配音，而是包括了全部与声音有关的音效处理。

　　在第 1 幕和第 2 幕中，我们可以添加同一首背景音乐，连续播放。其他几幕可以分别对角色和特定动作添加音效。

Step1 选中舞台背景，单击窗口左上角的【声音】模块，删除默认的声音，单击左下角的【选择一个声音】。

Step2 打开系统预置的声音列表，将鼠标指针移到每一个声音图标上等待一会儿，就会听到声音的预览效果。

Step3 在其中找到自己喜欢的声音单击一下，就可以将该声音添加到声音列表中。这里选取预置声音【Video Game 1】。其中"7.79"是指音乐的时长，单位是秒。

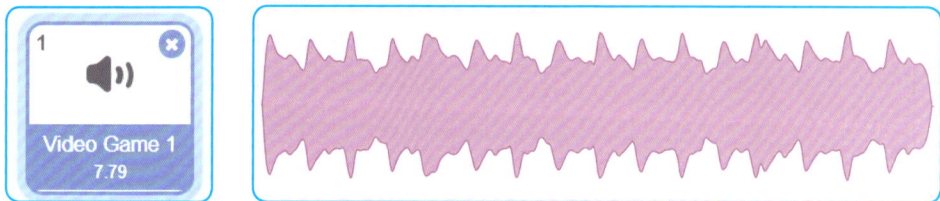

Step4 从【代码】/【声音】中拖动【播放声音 Video Game 1 等待播完】积木到编程区，加入原来代码的最下面。

Step5 单击 ▶，运行几次，比较第 1 幕、第 2 幕的运行时间与音乐的播放时长，如果音乐不够长就将【播放声音 Video Game 1 等待播完】复制一次放到原积木的下面，重复播放一次，直到进入第 3 幕时停止播放。舞台的最终代码如下。

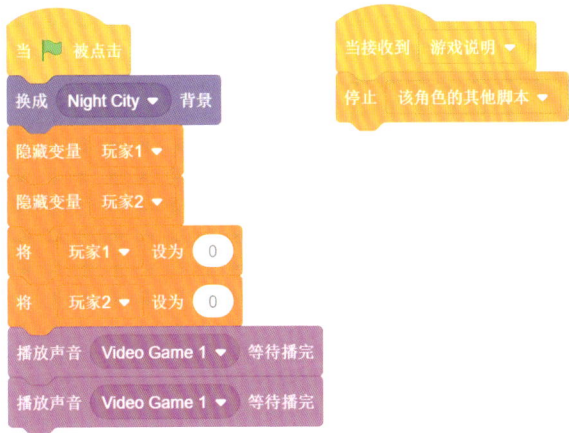

💡 火箭待发射时是无声的，发射升空后会有轰鸣声，这里，我们要让火箭 2 在发射升空时播放声音。

Step6 在【Rocketship2】角色中加入音乐【space ripple】，不需要在另一枚火箭【Rocketship】中加入音乐，否则声音会重叠。

💡 注意这里使用了【播放声音……】积木，而没有使用【播放声音……等待播完】积木，以免下面的发射功能代码要等到音乐结束后才能起作用，就没有伴随的效果了。

Step7　在第 3 幕，我们为【开始游戏】这个角色添加
　　　　播放预置声音文件【Movie2】的代码。

💡 "叮叮咚咚"，两位玩家不断收集天上掉落的宝石，声音清脆，我们只需要让火箭在碰到宝石时发出声音，就能实现游戏需要的效果了。

Step8　在宝石角色中，为玩家 1 的火箭【Rocketship】添加碰撞声音【Magic
　　　　Spell】，为玩家 2 的火箭【Rocketship2】添加碰撞声音【Water Drop】，
　　　　完整程序如图所示。

💡 "怪物来了！注意躲避！" 为了提示两位玩家注意，怪物出场也要伴随声音。

Step9　在【Ghost】角色中，添加预置声音【Wobble】。在定义【怪物出现】的积
　　　　木中，在【显示】积木下面添加【播放声音 Wobble】积木。

💡 怪物碰到玩家 1 或玩家 2 的火箭时，发出声音提示玩家被扣分。

Step10 单击【Ghost】角色左上角的【声音】面板，用鼠标指向左下角的🔊按钮，在弹出的菜单中选择【录制】。通过麦克风说"玩家 1 扣 10 分"和"玩家 2 扣 10 分"两个音频。

Step11 把录制好的音频文件组合到【播放声音……】积木中，添加到怪物【Ghost】的"碰到玩家"自制积木里。

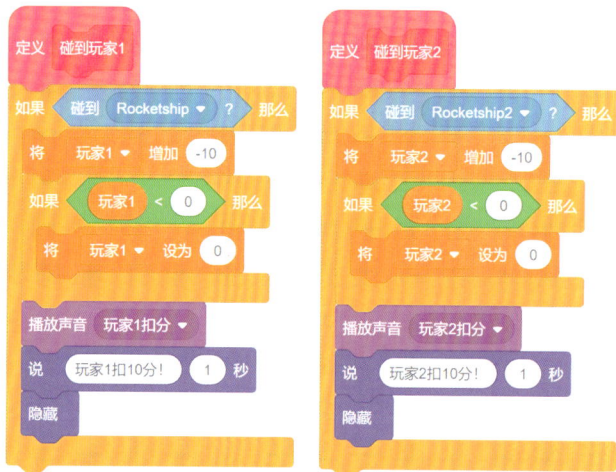

💡 游戏结束后，需要立刻停止其他脚本，在此之前，需要显示获胜者的名字并播放欢呼与祝贺的声音。因为获胜的人在写程序时无法预先确定，所以每一次要根据获胜者不同播放不同的祝贺语。

这不难做到，我们只要录制 3 个声音，然后根据当前显示的【获胜信息】的造型编号来确定播放哪一个序号的声音即可。

Step12 在【获胜信息】角色的【声音】模块中选取预置声音【Cheer】，并录制 3 个新声音，内容分别是"恭喜玩家 1，玩家 1 获胜！""恭喜玩家 2，玩家 2 获胜！""恭喜两位，平局！千载难逢啊！"。

Step13 在【获胜信息】角色的代码中添加播放声音的积木。要播放哪个声音文件是由当前的【获胜信息】造型编号决定的，如果是造型 1，说明是玩家 1 获胜，则需要播放第二个声音文

件，因为第一个声音文件是【Cheer】，第二个声音文件才是玩家 1 获胜的声音文件，以此类推。在播放完"祝贺 ×××"后继续播放欢呼声。

到此为止，游戏的配音就全部完成了。

🏅 项目合成：联调

如果我们制作的游戏与动画放在了不同的工程文件中，如何把这些工程文件合并到同一个文件中呢？团队"作战"的小朋友可以跟随我们学习项目联调这项独门绝技。

在 Scratch 中，角色的代码可以合并，但分布在各个工程文件中的舞台的代码是不能合并的，只能以一个为基础，重新搭建积木。如果舞台的代码能全部在一个工程文件中完善，合并项目就容易多了。

合并之前，要区分哪些工程文件是需要保留舞台的代码的，我们称为目标文件；哪些工程文件是可以提供最新的角色、舞台背景图片和舞台声音文件的，我们称为源文件。我们要把角色、背景图片、舞台声音文件从不同的源文件拖动到书包中，再从书包中将其复制到目标文件里，这样角色和舞台的最新版本文件就在同一个工程文件中相遇了。

Step1 登录 Scratch 官网，用自己的用户名和密码登录，如果没有注册，请先注册再登录。登录后，编辑器右上角的位置会显示自己的用户名。

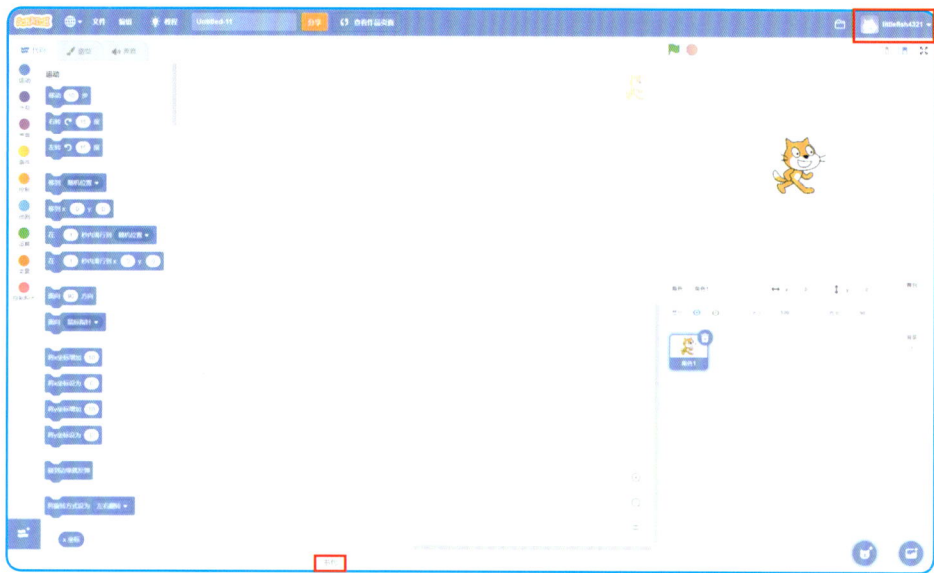

Step2 单击屏幕底部的【书包】，将书包打开，第一次打开的书包是空白的。

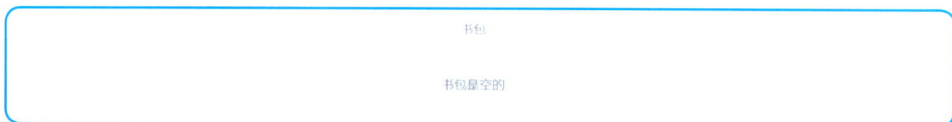

Step3 单击【文件】/【从电脑中上传】，打开一个提供角色的源文件，检查角色名称是否与其他源文件中的角色名称混淆，如果有这种情况，需要先修改角色名。

Step4 把角色区的角色依次拖动到书包窗口中，等待书包的窗口变灰后释放鼠标。每个工程文件中，我们除了取用角色，也可以取用角色所需的声音文件、舞台背景图片、舞台声音文件等。

Step5　逐个把提供资源的源文件打开，把角色、声音、背景的最新版本逐一复制到书包中。

Step6　最后打开目标工程文件，删除目标工程文件中不需要的角色，再从【书包】中把角色依次拖动到角色区释放即可。

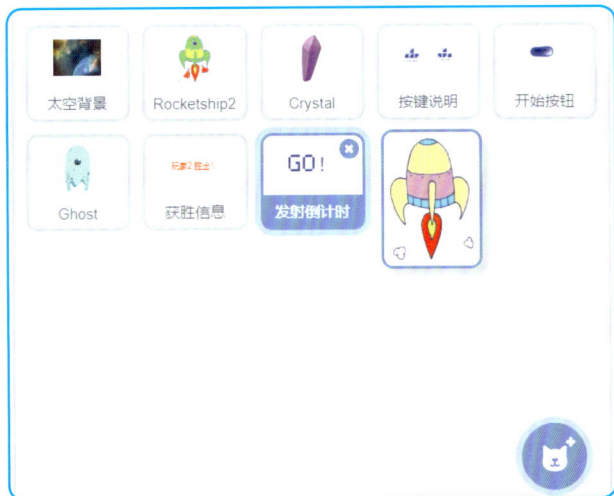

Step7　合并工作结束后，单击菜单【文件】/【保存到电脑】，选择路径并输入文件名称，把合并后的工程文件保存到本地，这样一个包含所有项目工程文件的最终文件就完成了。

附录：主要角色代码概览

第四部分太空夺宝游戏用到的角色列表如下，本附录列出主要角色的代码以供查阅。

太空背景　Rocketship　Rocketship2　发射倒计时　按键说明

开始按钮　Crystal　Ghost　获胜信息

【太空背景】的代码

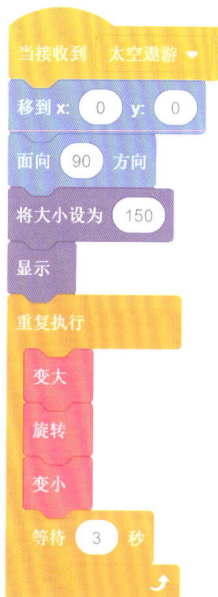

玩家1的火箭【Rocketship】的代码

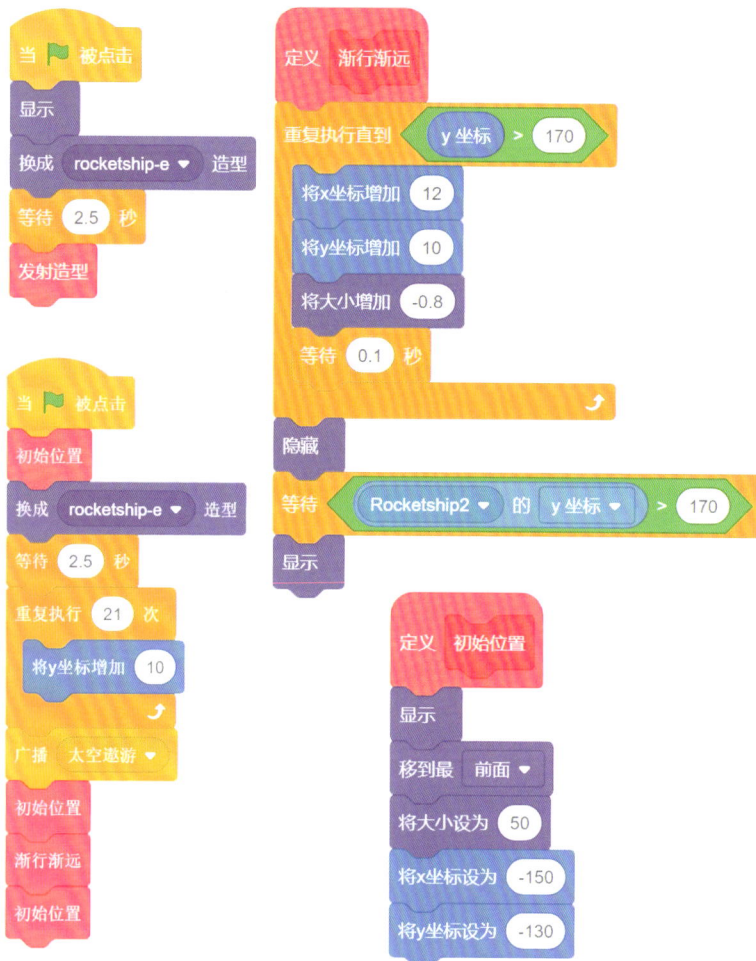

```
当 🏳 被点击
显示
换成 rocketship-e ▼ 造型
等待 2.5 秒
发射造型
```

```
定义 渐行渐远
重复执行直到  y 坐标 > 170
    将x坐标增加 12
    将y坐标增加 10
    将大小增加 -0.8
    等待 0.1 秒
隐藏
等待  Rocketship2 ▼ 的 y 坐标 ▼ > 170
显示
```

```
当 🏳 被点击
初始位置
换成 rocketship-e ▼ 造型
等待 2.5 秒
重复执行 21 次
    将y坐标增加 10
广播 太空遨游 ▼
初始位置
渐行渐远
初始位置
```

```
定义 初始位置
显示
移到最 前面 ▼
将大小设为 50
将x坐标设为 -150
将y坐标设为 -130
```

玩家 2 的火箭【Rocketship2】的代码

```
当 ▶ 被点击
显示
换成 rocketship-e ▼ 造型
等待 2.5 秒
发射造型
```

```
当接收到 太空遨游 ▼
初始位置
渐行渐远
广播 游戏说明 ▼
初始位置
```

```
当接收到 游戏结束 ▼
停止 该角色的其他脚本 ▼
```

```
当接收到 对战开始 ▼
显示变量 玩家2 ▼
将 玩家2 ▼ 设为 0
初始位置
重复执行
    如果 按下 ← ▼ 键? 那么
        将x坐标增加 -10
    如果 按下 → ▼ 键? 那么
        将x坐标增加 10
    如果 按下 ↑ ▼ 键? 那么
        将y坐标增加 10
    如果 按下 ↓ ▼ 键? 那么
        将y坐标增加 -10
```

宝石【Crystal】的代码

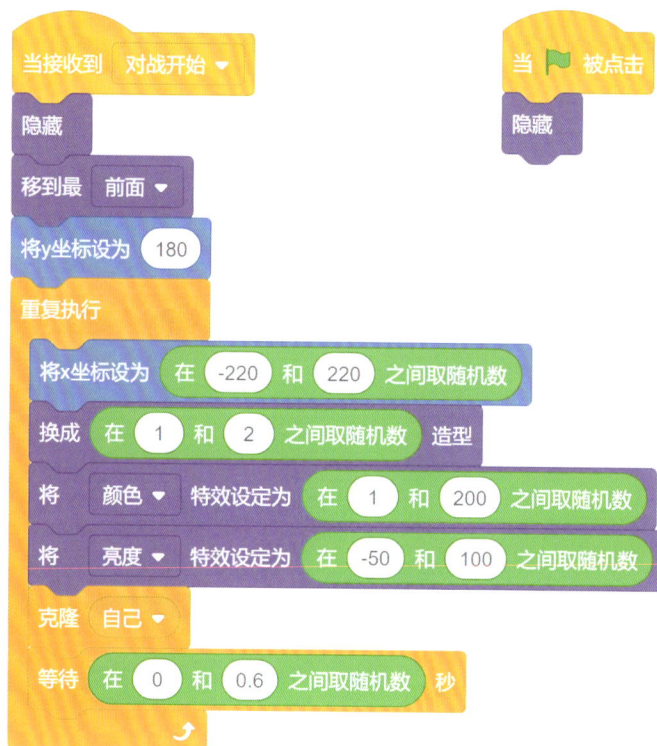

当接收到 对战开始 ▼
隐藏
移到最 前面 ▼
将y坐标设为 180
重复执行
　将x坐标设为 在 -220 和 220 之间取随机数
　换成 在 1 和 2 之间取随机数 造型
　将 颜色 ▼ 特效设定为 在 1 和 200 之间取随机数
　将 亮度 ▼ 特效设定为 在 -50 和 100 之间取随机数
　克隆 自己 ▼
　等待 在 0 和 0.6 之间取随机数 秒

当 ▶ 被点击
隐藏

怪物【Ghost】的代码

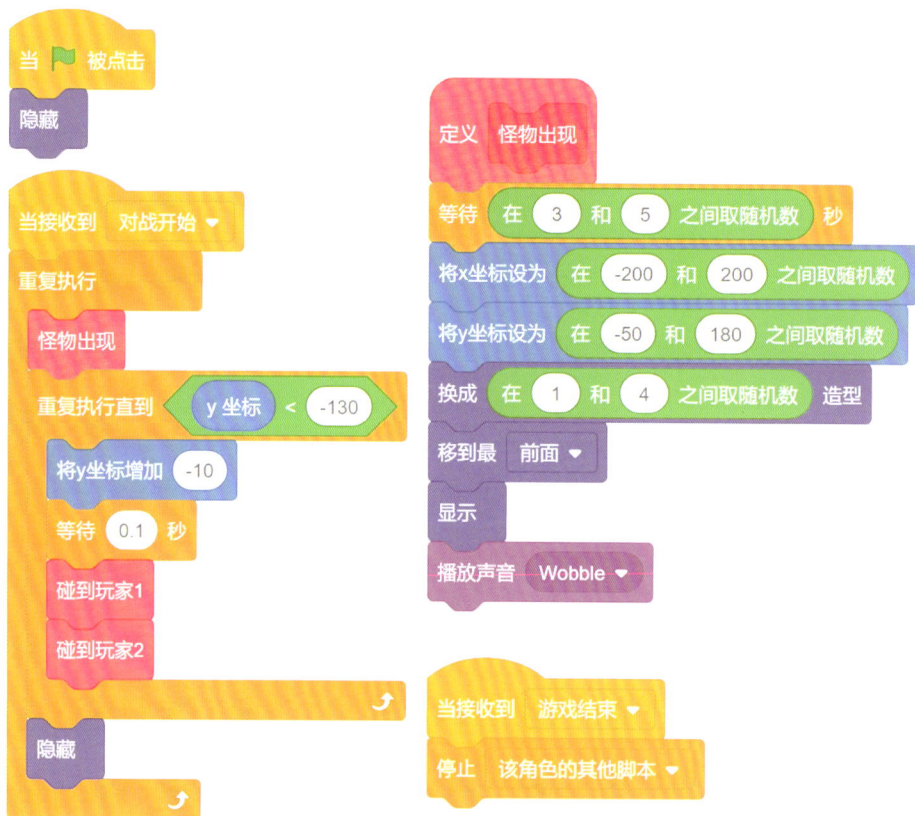

```
当 🏳 被点击
隐藏

当接收到 对战开始 ▼
重复执行
    怪物出现
    重复执行直到  y 坐标 < -130
        将y坐标增加 -10
        等待 0.1 秒
        碰到玩家1
        碰到玩家2
    隐藏


定义  怪物出现
等待 在 3 和 5 之间取随机数 秒
将x坐标设为 在 -200 和 200 之间取随机数
将y坐标设为 在 -50 和 180 之间取随机数
换成 在 1 和 4 之间取随机数 造型
移到最 前面 ▼
显示
播放声音 Wobble ▼

当接收到 游戏结束 ▼
停止 该角色的其他脚本 ▼
```

【获胜信息】的代码

方案一：使用自己定义的计时器变量。

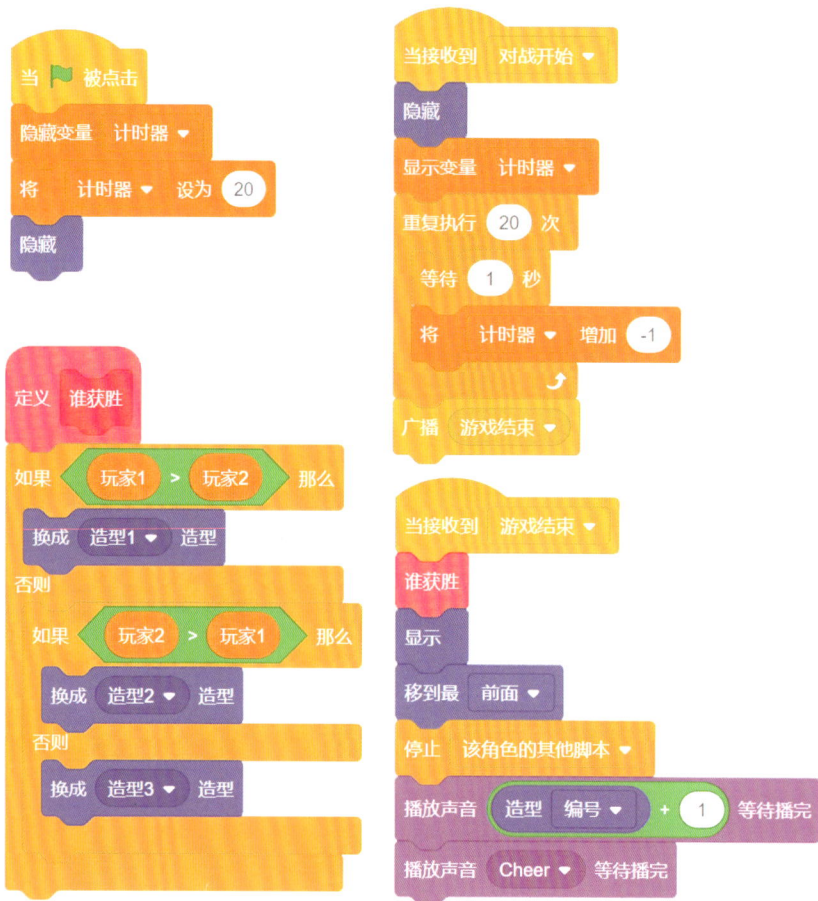

方案二：使用系统提供的计时器。

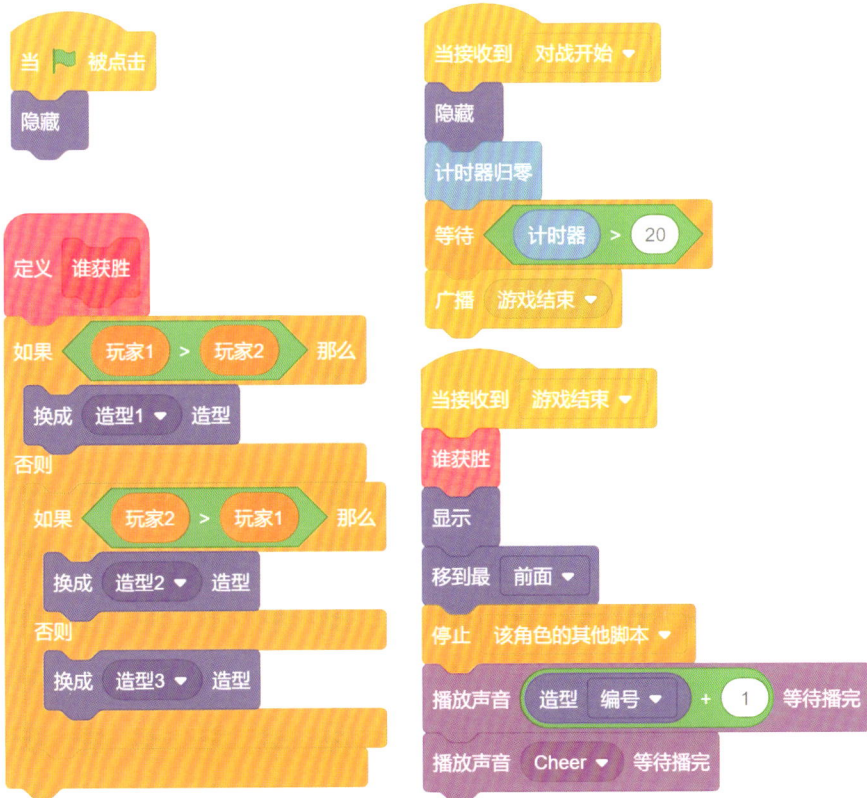

【开始游戏】按钮的代码

当 🚩 被点击
隐藏

当接收到 游戏说明 ▾
移到 x: 2 y: 104
移到最 前面 ▾
显示
播放声音 Movie 2 ▾ 等待播完

当角色被点击
隐藏
广播 对战开始 ▾

【按键说明】的代码

当 🚩 被点击
隐藏

当接收到 游戏说明 ▾
移到 x: -45 y: -95
移到最 前面 ▾
显示

当接收到 对战开始 ▾
隐藏

【发射倒计时】的代码

当 🚩 被点击

移到最 前面 ▼

换成 造型1 ▼ 造型

显示

等待 0.5 秒

重复执行 4 次

下一个造型

等待 0.5 秒

隐藏